农业科研院所
农业科技综合服务试验站建设
理论与实践

黄 杰 左 强 赵秋菊 编著

中国农业科学技术出版社

图书在版编目（CIP）数据

农业科研院所农业科技综合服务试验站建设理论与实践 / 黄杰，左强，赵秋菊编著. --北京：中国农业科学技术出版社，2021.10

ISBN 978 - 7 - 5116 - 5509 - 7

Ⅰ. ①农… Ⅱ. ①黄… ②左… ③赵… Ⅲ. ① 农业科学－科学研究组织机构－科技服务－试验基地－建设－研究 Ⅳ. ①S-24

中国版本图书馆 CIP 数据核字（2021）第 192003 号

责任编辑	姚 欢	
责任校对	贾海霞	
责任印制	姜义伟　王思文	

出 版 者　中国农业科学技术出版社
　　　　　北京市海淀区中关村南大街12号　　邮编：100081

电　　话　（010）82106631（编辑室）　（010）82109702（发行部）
　　　　　（010）82109709（读者服务部）

传　　真　（010）82106631

网　　址　http://www.castp.cn

经　　销　各地新华书店

印　　刷　北京科信印刷有限公司

开　　本　148 mm×210 mm　1/32

印　　张　6.625

字　　数　150千字

版　　次　2021年10月第1版　2021年10月第1次印刷

定　　价　60.00 元

前　言

新形势下，中国现代农业科技创新体系正面临着农业科技创新体制与管理机制障碍、农业科研与农业生产脱节、农业科技推广与服务体系不健全等现实困境；因此，以政府为主导，多种社会力量广泛参与，不断强化农业科研、教学、推广、生产相结合，不断创新农业技术推广方式方法，构建起"一主多元"的农业技术推广体系是实现农业科技成果快速、有效转化的重要发展趋势。农业科技综合服务试验站以农业科研院所或农业高等院校科技成果为依托，通过开放型平台有效整合农业科技创新、技术集成示范、成果转化应用、农科人才培养等多种功能，显示出强大的生命力和发展潜力，逐渐发展成多元化推广服务体系中的一支重要力量，深受社会各界和广大农户的欢迎和关注。

2012年中央一号文件提出"鼓励高等学校、科研院所建立农业试验示范基地，推行专家大院、校市联建、院县共建等服务模式，集成、熟化、推广农业技术成果"。2017年农业部、教育部进一步提出"支持农业科研院校采取校（院）地、校（院）企共建等多种形式……建设一批农业应用技术研发基地、产业科研试验站、区域示范基地"。北京市农林科学院积极响应政策，在全面借鉴国内外经验模式的基础上，自2012年起开展了农业科技综合服务试验站实践活动，在北京市通州区、房山区、大兴区分别建立了3个试验站。经过多年的实践摸索，逐步形成了一套独具北京市农林科学院特色的综合服务试验站工作机制和管理制度。这些试验站的建立，成功推动了区域产业升级，促进了产学研用良性互动，并为其他农业科研院所、高等院校开展农业综合服务试验站实践提供了良好范例。

本书在梳理国内外农业综合服务试验站相关理论的基础上，对北京市农林科学院多年丰富的农业科技综合服务试验站建设及运营经验进行了总结。本书分为理论篇与实践篇两部分。理论部分系统论述了农业科技服务试验站的基本内涵、国内外经验，以及试验站建设、运营的相关理论基础；实践部分以北京市农林科学院大兴长子营试验站为例，详细介绍了试验站各项工作制度机制、相关技术研发/应用/推广成果、创新推广服务模式等，对发展中存在的不足进行了深入分析并提出了对策意见。以期为新形势下探索建立以农业科技服务试验站为主导的农业科研院所科技服务模式提供参考。

本书的顺利完成，凝聚了北京市农林科学院、北京裕农优质农产品种植公司、大兴区长子营镇人民政府及相关单位参与人员的辛勤劳动和集体智慧，在此深表感谢。同时，书中不足之处在所难免，敬请读者谅解。

编著委员会

2021年10月

目　录

理论篇

第一章

农业试验站基本内涵与相关理论

一、基本内涵

（一）农业试验站的重要性

农业是自然再生产和经济再生产相互交织的产业，其生产过程具有长期性、复杂性、区域性等特点，这些特性决定了支撑、服务、引领其发展的农业科技工作必须创新发展的同时，也要脚踏实地。因此，科技创新必须适应农业特点、面向产业第一线、紧贴农业从业人员实际需求，与其他科研领域相比，农业科研更加离不开试验基地的支持。

农业试验站，是农业科技创新体系的重要组成部分，介于实验室和田间应用之间，服务于区域产业发展需求，通过了解区域发展规划和未来发展战略，获取区域长期、稳定、直接、综合的原始资料和基础数据，围绕并解决制约区域产业发展关键性技术。农业试验站作为农业科技成果转化的重要平台，对农业科技成果转化的贡献被广泛认同；农业试验站为农业科研项目实施、农业科教及农业生产人才培养提供重要环境，是农业科技创新活动不可或缺的物质支撑。

（二）农业试验站的基本功能

1. 科研试验功能

试验站是农业科研的第二实验室，是很多大学及科研院所科研项目开展的重要试验场所。同时，试验站还为先进科研成果诞生、颠覆性技术研发和重大品种培育提供了基本条件，很多重大科研成果均离不开试验站的长期试验示范及观测数据的支撑。科研试验功能是以科研用途为主的各类农业试验站的第一个主要功能，也是处于首位的基本功能。

2. 技术示范功能

包括技术集成创新、科技成果展示、科技咨询服务等在内的广义上的技术示范功能是试验站的另一个重要功能，是试验站持久发挥应有作用、科研试验功能得以保障的必然要求，也是基地建设单位展示实力和影响力的重要窗口。

3. 产业带动功能

先进科技成果（新品种、新材料、新技术、新工艺、新方法等）只有通过因地制宜的试验、示范，才能为农民所接受，然后在生产上推广应用。试验站担负着引领和带动区域农业发展的重任。同时，不少试验站建在农村，对农村经济发展及乡村振兴起到了非常重要的作用。产业带动功能是农业试验站在实现科研试验、技术示范功能的过程中派生出的一个重要功能。

4. 人才培养功能

科研试验、技术示范、产业带动功能实现的过程，也是从事相关工作的人才培养过程。农业试验站专家队伍，对区域的农业技术骨干及农民技术员进行定期培训，充分发挥技术推广的教育功能，提升了农民和地方农技推广人员的科技文化素质，为农业技术的不断创新提供了持续保障，同时也为新农村建设奠定了坚实的基础。

（三）农业试验站分类

按照承载功能分，农业试验站分为专业农业试验站和综合农业试验站。主要功能、支撑学科、服务产业、参建单位较为单一或数量较少的试验站一般为专业农业试验站；同时具备主要功能或主体功能2个及以上、支撑二级学科2个及以上、服务所代表区域2个及以上主导产业、参建单位3个及以上的科研试验基地一般可为综合试验站。

按照依托主体分，农业试验站分为依托大学建立的农业试验站、依托科研机构建立的农业试验站和私人建立的农业试验站。

二、相关理论

（一）区域科技需求理论

区域需求理论是目前研究最广泛的需求理论，即通过人类行为和心理活动逐渐递进的马斯洛基本需求理论，由此而衍变的区域科技需求有科学与技术的需求、企业对技术本身的需求，以及在一定时期内对科技成果的需求。

对一个经济区域而言，科技需求主要指科技发展所产生的各种要素需求。这种科技发展，一方面指区域社会化大生产包括生产、交换、分配和消费等各环节、各领域所使用科技的水平的提升；另一方面指区域组织从事科技生产活动时，其科技投入产出水平即效率的提升。区域科技需求的内涵，具体包括两方面内容：一方面指区域经济社会领域各种层次、各种形式的科技消费主体（如产业、企业、政府部门、社会中介组织等）追求生产效率提升所需的科技成果本身，如技术、专利等；另一方面指区域各科技供给主体对科技生产活动顺利、高效实施所涉及、所需具备的各种投入要素（广义要素）的需求，既包括科技资源，如科技人才、知识、信息、基础技术、科技发展资金等，也包括科技发展基础设施，如科技信息网络、实验室和观察基地、工程技术中心、科普设施等，还包括科技发展软环境，如法律政策、知识产权保护、技术标准等。

农业科技试验站建设的宗旨就是服务区域农业发展，充分思考当地农业科技推广模式以及农业生产现状，找准问题，提出有针对性的解决办法。农业科研院所、高校有科技优势、人才优势，当地的种植业服务中心、农业技术推广站等区级部门拥有地利优势与人和优势，两者深入合作、取长补短才能更好地进行科技服务。

（二）循环经济理论

循环经济理论是美国经济学家波尔丁在 20 世纪 60 年代提出生态经济时谈到的，主要指在人、自然资源和科学技术的大系统内，在资源投入、企业生产、产品消费及其废弃的全过程中，把传统的依赖资源消耗的线性增长经济转变为依靠生态型资源循环来发展的经济。循环经济把清洁生产、资源综合利益、生态设计和可持续消费等融为一体，利用生态学规律来指导人类社会的经济活动。循环经济强调"3R"原则，即减量化（Reduce）、再利用（Reuse）和资源化（Recycle）。其有 4 个主要特征：①可以有效消除外部非经济现象；②生态工业是循环经济的主要形式；③清洁生产是发展循环经济的重要且基本手段；④环境无害化或环境优化技术是循环经济的技术载体。循环经济旨在取得经济和生态的协调发展，最终走向可持续发展的道路。

农业试验站作为科技创新、应用、推广的平台，在助力农业高效发展的同时，要注意环境友好，实现资源的循环利用，达到清洁生产、绿色发展，这才是农业可持续发展的长久之计。

（三）区域科技创新理论

约瑟夫·熊彼特于1912年提出以产品、生产技术、市场和组织为主体的创新理论。自此，世界各国学者纷纷将创新视为经济发展的原动力并加以研究，逐渐形成技术创新理论、国家创新系统理论以及科技创新理论等。科技创新理论的主要特点是在一定地域空间内，由农业经营主体与农业科研单位共同构成区域科技创新团体，通过成果孵化、信息反馈等机制提高科技创新的高效性、实用性，最终为区域现代农业发展提供科技储备，推动区域农业发展、农民增收。区域科技创新理论基本内涵包括以下4方面：①具有一定的地域空间；②以生产企业、研发机构、高等院校、地方政府机构和服务机构为主体成员；③不同主体成员之间通过互动，构成创新系统的组织和空间结构，从而形成一个社会系统；④强调制度因素以及治理安排的作用。

农业科技综合试验站为田间农业试验提供研究平台，依托农业科研院所、高校的科研项目，开展针对当地农业生产实际需要的科学试验，实现农业科技创新。

（四）成果转化理论

农业科技成果转化的概念来源于科技成果转化领域。《中华人民共和国促进科技成果转化法》将科技成果转化界定为"为提高某领域生产效率水平对科学研究及技术研发所创造的具有一定实用价值的成果进行后续开发、试验、运用、推广直到产生新工艺、新产品、新材料，甚至发展出新产业业态的活动"。所谓科技成果的转化，就是要推动科学技术在生产中的应用，使之服务于生产力的发展。

农业科技成果转化是一种特殊的农业产品流通过程，既受科研成果供求机制的制约，也受科研项目计划机制的影响，激励机制和竞争机制是科研成果市场供求机制的重要补充。承担连接科研与实际生产的科技服务中介机制是加快成果转化的主要抓手，在自然资源环境条件允许的情况下，通过帮扶区域农业生产方式的转变、市场机制的创新、信息渠道的畅通等手段，建立转化主体、客体、受体之间的桥梁，将具有创新性、成熟性、适用性、实用性、效益性的科研成果转化应用。

农业科技综合试验站通过组织展示活动，加快新品种、新技术、新产品在区域农业落地，使其尽快转化并服务于区域农业生产，为农业增效和农民增收发挥积极作用。

（五）服务质量理论

服务质量理论始于 20 世纪 50—60 年代，是基于工业服务营销理论创立的，主要界定服务结果是否符合规范。针对农业的特质性，服务质量应包括科研成果的科技质量和功能质量、农业经营主体的感知度、转化规模、经营效益、市场份额等，其目的是符合科技研发规范，达到加快科技创新、推动农业科技成果转化、提高农业效益的预期效果。

农业科技综合服务试验站建设目的是通过农业科技推广服务，促进区域农业产业发展、升级，促进农业生产方式转变、绿色发展，促进农民收入增加、生活水平提高，从而实现区域农业总体效益提高。

第二章

国内外农业试验站模式及经验

一、国外农业试验站模式及经验

（一）国外农业试验站概况

西方各国的农业试验站建立比较早，体系建立相对完备，管理措施较为先进，为其农业科研和技术推广做出了积极的贡献。美国联邦农业部下设的农业试验站、各州农业试验站及大型企业拥有的试验站，是美国农业现行科研、教育、推广"三结合"体制的重要组成部分。农业试验场是日本农业科研体系的重要组成部分，因其同样是从事科研及推广工作，在本书中把日本的农业试验场认为是农业试验站。欧洲拥有最早的农业试验站——洛桑试验站，坐落在英国。荷兰的瓦赫宁根大学和研究中心是全欧洲最大的农业大学和科研机构，其下设的试验站在应用研究及开发研究工作中发挥着重要的作用，试验站与荷兰的农业大学、研究所、区域研究中心等共同形成了布局比较合理、专业设置齐全的全国农业科学研究网络。纵观国外农业试验站的形成与发展，分析其特点和规律，对于中国加快农业试验站建设，建设国家农业科技创新体系具有重要的参考价值。

1. 美国农业试验站

美国政府早在 100 多年以前，就非常重视农业教育、科研和推广三者的结合，现已建立和完善了这种三位一体的体系，使科学技术在农业生产中广泛应用起到了决定性作用。

（1）发展历程

美国于 1857 年在康涅狄格州建立了第一个农业试验站。目前，美国每个州至少有一个一定规模的、设备设施先进的、管理经验丰富的农业试验站。为了进一步适应农业和工业现代化的需要，美国国会于 1862 年通过《莫雷尔法案》，由联邦政府向每个州的一所州立大学赠地。1875 年，作为赠地院校的威斯康星大学建立了美国第一个州农业试验站，任务是进行农业科学及机械技术方面的教学和研究，并向全州推广先进的农业生产技术，其他各州相继效仿。1887 年通过的《哈奇法案》从法律上确立了农业试验站在农业技术开发和推广中的中心地位，并建立起美国的农业技术推广体系，大大加速了农业现代化进程，其农业进入了高速发展时期，农业研究水平不断上升，涌现出了许多农业科技成果。1925 年的《珀尔内法案》批准联邦政府增加对州农业试验站的资助经费。1935 年的《班克里德—琼斯法案》设立了一项由农业部管理的专项研究经费，40% 的经费用于支持地区研究中心，60% 被用于资助州农业试验站。根据 1938 年《农业调整法》的规定，成立了在农业部领导下的 4 个农业科研地区中心，与各州试验站共同构成了美国农业公共科研系统。州农业试验站与地区研究中心之间的大致分工是：地区研究中心以基础研究为主，承担 40% 的公共研究任务，农业试验站以与本州农业生产有关的应用研究为主，承担 60% 的公共研究任务。

公共研究系统的经费都由政府拨款资助，研究成果面向所有农场主，并免费向农场主提供最新的科技成果。1955 年，国会对《哈奇法案》进行了修订，综合、代替和整合了联邦支持州农业试验站的各种法律，进一步明确了试验站的工作目标和职责，此法案通过后不到 1 年，全部 38 个州和犹他、北达科他两个领地都建立了农业试验站。20 世纪 60 年代以后，试验站的研究领域除了农业研究外，开始向农村开发、环境保护和资源利用等新问题扩展。

（2）组织结构和运作方式

试验站是美国农业部、州政府和州立大学农学院共同领导的农业科研机构，由农学院负责管理各州的试验站，负责农业研究及推广。

美国农业试验站农业研究体系承担了全国公共农业研究任务的 60% 左右。试验站拥有农场、试验田、温室、苗床和实验室等相关设施，同时设有分站系统，一般中心站侧重全国性问题或者跨州问题的基础研究和合作研究，分站侧重针对某一地区实际问题的应用研究。试验站根据各州的面积和人口多少有不同规模，除了专职科研人员外，还有兼职及科研辅助人员。州立农业试验站一般设置不同部门，针对农艺、农业机械、农业经济、植物保护、园艺等领域进行专题性研究，试验站的研究成果，直接为本州的农业生产服务。作为各州立学院的附属机构，州农业试验站在全国建立了联邦政府和州政府最早的二级建制，这为后来美国农业科学研究的制度化，经费多源化，迈出了重要的一步。这种二级体制不仅是联邦政府和州政府在管理农业事务中的结合，同时也是科研和教育的结合。

2．日本农业试验站

日本农业科研体系主要由国立农业试验研究机构、公立农业科研机构，以及大学和民间企业组成。农业试验场是日本农业科研体系的重要组成部分。

（1）发展历程

1893年，日本创立了第一所国立农事试验场，并设立了6个地方分场。1950年，为了解决第二次世界大战后粮食增产和的农业目标，日本在农事试验场的基础上，成立了7个国立区域性农业试验场（四国农业试验场、中国农业试验场、北海道农业试验场、东北农业试验场、九州农业试验场、北陆农业试验场、东海近畿农业试验场）。20世纪60年代以后，日本农业发展迅速，农业规模不断扩大，农业试验场根据形势发展需要开展了多次的调整与改革，如1961年以制定《农业基本法》为背景，将原来的体制调整为拥有农业技术研究所、5个专业试验场及7个地域农业试验场的体制；1986年将蔬菜试验场与茶叶试验场进行合并等。2001年日本将原来的29个国立试验研究机构（其中农业研究机构19个，其中13个为专业研究机构，6个为区域农业试验场）调整为8个独立行政法人。

（2）组织结构和运作方式

日本农业试验场分为国立及县立两类。国立农业试验场一般进行广泛区域的应用研究。例如，日本农林水产省果树试验总场（Fruit Tree Research Station, Ministry of Agriculture, Forestry and Fisheries, Japan）是日本国立农业试验场，下设4个支场，盛冈支场以苹果研究为主，安艺津支场以柑橘和葡萄研究为主，兴津支场和口之津支场以柑橘研究为主，总场设育种部、栽培部和植物保护部等 3 个研究部，包括 13 个研究室；而县立试验场主要是面向本地区开展应用性、普及性和技术操作性研究，既有综合性也有专业性的，其二者的对接机构分别是中央农林水产省及都道府县农林水产部。日本的国立及公立农业试验场是农业技术推广体系的技术源泉，各级农业试验场一般不进行技术普及活动，但根据不同专业，配备有专门技术人员，负责技术开发，直接指导进行普及活动，开发成果将由普及机构向农民进行传播。同时，日本的试验农场也依托于各个高校的涉农学科。以东京大学的试验农场为例，其农学部设有 8 个系，分别为水产学、农业生物学、农业化学、农业经济学、林业学、兽医学、农业工程、林产学，根据各个学科和门类的特点，附设有试验农场、试验林场和试验牧场，以及兽医院、水产试验场、绿地植物试验场等实习试验设施，为教学科研服务。

3. 欧洲农业试验站

（1）英国农业试验站

英国农业科学研究有较长的历史。英国的洛桑试验站（Rothamsted Experimental Station，现称 Rothamsted Research）是世界上第一个农业试验站，于 1843 年建立，历史悠久。目前的洛桑试验站不但拥有先进的试验设备，也拥有居于世界领先水平的研发人员。作为英国皇家生物技术和生物科学研究理事会主办的 8 个研究机构之一，研究开发和运转资金来源于英国政府、欧盟、各类基金会的拨款以及企业和个人的捐赠。共设有农业与环境、生物化学、作物育种、植物与无脊椎动物生态学、植物病理、甜菜生产与改良 6 个专门的研究部门，另拥有 4 个试验农场、1 个水生植物研究中心和田间站。每年都接受大量来自世界各地的技术人员来试验站学习、研究、开展合作项目，并通过各种途径大力推广试验站的科研成果，不断提高全球的农业生产水平并改善生态环境。

另外，英国还于1919年建立了著名的威尔士作物育种试验站，1989年并入农业和食品研究理事会（AFRC），其早期主要从草地中收集作物品种，后来专注于影响草地作物产量的遗传性状研究。19世纪末成立了东茂林试验站，这是英国最有名的果树专业研究机构，主要研究苹果、梨、甜樱桃、李，以及树莓、穗醋栗、草莓等小浆果，设有栽培、植保、育种、贮藏、植物生理等研究室；该站以研究苹果矮化砧木驰名，目前世界各国使用的M系和MM系矮化砧木均由该站培育而成，对世界苹果矮化栽培做出了重大贡献。

（2）荷兰农业试验站

荷兰农业在国民经济中占有重要地位，主要有农田作物、畜牧业、园艺和林业。荷兰农业科研、推广和教育工作由其农业、自然及食品质量部（Ministry of Agriculture, Nature Management and Fisheries）统一负责。荷兰的农业试验站是其农业科研和推广的重要组成部分，主要负责应用及开发性研究，进一步保障大学及科研院所的成果快速转化为生产力。例如，威斯特兰种子试验站专门从事番茄、甜椒等蔬菜病害的防治研究，从土壤、种苗、栽培到果实进行全程试验和研究，然后以官方试验结果的形式向社会公布。

（二）国外农业试验站特点

1. 运行管理分工明确

纵观现在美国、英国和日本的农业试验站体系，无一不是为农业高等院校、科研院所的教学和科研活动提供服务支撑的，或为解决全国和区域性的农业问题而建立的，每个农业试验站都有相应的农业院校或者科研院所为依托，以培养人才、农业科学实验和农业科技成果转化及服务社会为目的。美国等一些国家，具有一定规模的农业试验站通过立法的方式，由政府统一规划、统一论证，全额拨款建设和运行管理，分工明确。

美国农业部领导下的 4 个农业科研地区中心，与各州试验站共同构成了美国农业公共科研系统。地区研究中心以基础研究为主，承担公共研究任务的 40%，农业试验站以与本州农业生产有关的应用研究为主，承担了全国公共农业研究任务的 60% 左右。美国试验站大多数都拥有一个庞大复杂的分站系统，试验站分站要么依据自然地理情况的差异而设，要么依据商品种类而设。在分站与中心站之间有着明确的分工，中心站侧重于跨州性或全国性问题的合作研究和基础研究，分站则侧重于本州内某一地区或某一县实际问题的应用研究或专题研究。

2. 基础设施建设完善

西方的农业试验站大多拥有农场、试验田、温室、种床和实验室等先进完善的设施设备，为支撑农业科技的研发、推广和服务夯实了基础。

英国洛桑试验站现有完善的科研设备和基础设施，总占地面积达 766.7 hm^2，其中科研办公实验楼 4 座，面积约 3 万 m^2；科研网室 6 座，面积约 7000 m^2；现代化温室 3 座，面积约 2000 m^2；客座人员及专家公寓 3 座，面积约 2800 m^2，可以同时容纳 150 ~ 200 位来自世界各国的科学家开展科学研究，其余土地均为长期试验用地。它拥有 3 个主要园区：

15

① Broom's Barn 区，占地 120 hm²，建有分子生物实验室和现代化温室，拥有先进的灌溉设施和害虫与植物病害观测设施，主要开展根系作物的科学研究与保护工作；② North Wyke 区，占地 250 hm²，拥有可向公众开放的网络平台、草地长期观测区和分类农田长期观测区，是开展农业科研合作与交流的重要平台；③ Rothamsted（洛桑）区，占地 400 hm²，建有现代化的实验室、环境控制中心、生长室、防范设施、昆虫饲养所、温室和灌溉设施，主要开展小麦的长期定位观测与科学研究工作。此外，还拥有总价值超过 1200 万英镑的先进仪器设备。

3. 资金支持渠道多元

美国农业试验站的资金来源是多渠道的，主要来源于 4 个方面：①美国农业部拨款，占 22%～25%；②州政府预算拨款，占 55%～60%；③与私人企业签订的合同经费、赠款及其他来源，占 15%；④其他联邦机构提供的研究经费，占 7%～8%。

英国洛桑试验站的经费主要来源有：① BBSRC（应用生物学和生物科学研究理事会）核心战略基金；②竞争性研究基金，由 BBSRC，英国环境、食品及农村事务部，欧盟，产业合作理事会，政府部门和其他基金机构资助；③其他收入，如主要是试验站的产业合作收入和国际组织与该站开展合作研究的项目经费资助。其中，BBSRC 作为非行政公共机构，是研究所的主要经费来源，为试验站提供了 80% 以上的经费。近几年，BBSRC 对洛桑试验站的投入经费总量正在逐年增加。

4. 与农业生产实际紧密接轨

美国农业试验站的研究和试验课题主要是根据各州农业发展的需要确定的，并且因时因地而变。只要是同农业和农村发展有关的问题，不论是自然科学还是社会科学领域，也不论是直接相关还是间接相关，都可以成为农业试验站的研究课题。传统的学科界限不断被打破，农业试验站开始向多学科、综合性方向发展，许多试验站开始成立跨学科的研究部门，以协调各领域的研究工作，试验站的规模也不断扩大。

（三）国外农业试验站启示

1. 政府主导，建立多元化的投入体系

中国的农业科技投入水平较低，不仅低于发达国家农业科技投入水平，而且低于国内其他行业科技投入水平，用到农业试验站的农业科技投入就更少了。美国等一些国家，具规模的农业试验站是通过立法方式，由政府统一规划、统一论证，全额拨款建设和运行管理，不以营利为目的，而国内的农业试验站，政府统一规划布局和投资建设的力度依然不够，对试验站建设的论证不足，有很大一部分农业试验站是由政府和企业共同出资建设的，出资的不同占比可能使政府在农业和农业科研活动中起主导作用的这一功能和特点得不到充分发挥和体现。政府应继续加大对农业试验基地资金的投入。此外，应学习国外先进经验，鼓励吸收企业、个人等社会力量，加大对农业科技研究和技术成果转化的资金投入，逐步建立起政府主导，社会多元化的农业科技投入体系，增加农业试验站发展的资金支持。

2. 准确定位，健全农业试验站管理体系

农业试验站是农业科研机构重大科研成果的研发、高素质人才队伍建设、农业科技成果转化应用的重要平台，同时还肩负着深化农业科研体制改革，全面推进社会主义新农村建设的重任。准确的功能定位是农业试验站健康发展的前提条件，只有这样，才能将农业试验站对农业先进技术成果的展示、培训、教学交流等农业试验站的本质功能充分发挥到位。美国的试验站按照不同的州进行分布，一部分设在州立大学，还有一部分在全国各地，进而有针对性地开展科研及推广服务。政府应做好顶层设计，进一步加强农业试验站规划建设工作，着眼于长远，整合现有农业试验站资源，改进现行的管理机制，可以按照农业自然区划进行布局，建设若干综合性和专业性的试验站，注重地域性，突出区域特色，统一布局管理，避免资源的浪费。应做到无论决策和管理，还是基础性研究和应用研究，都有相应的组织管理机构和研究部门。

3. 产学研结合，构建三位一体合作机制

试验站的功能决定了其有科研、推广及人才培养这三方面或者至少两方面的工作。美国很多农学院的院长同时是州试验站站长及推广站站长，是全州农业教学、科研和推广的最高负责人，这样的领导机制就保证了三者合作的和谐统一。日本试验站许多农技推广人员和研究人员兼任农业大学的老师，取得的科研成果通过专门技术员验证示范后传授给地区普及推广中心。同时，普及推广员将农民的需要反馈给研究部门。只有建立了产学研的合作机制，才能保证试验站的研究及推广工作更有针对性和可实施性，实现资源的高效利用和科研与产业的高效对接。

二、国内农业试验站模式及经验

（一）国内农业试验站发展历程

近代中国的农业体系师从于西方，清政府创办农业学堂采用了西方的试验农学的教育体系。运用近代科学改进农业，首先

要培养农业科技人才，从事良种选育和对新的耕作、饲养等方法进行试验研究，然后择优向农民推广。当时，主要的试验站有中央农事试验站、保定直隶农事试验场等机构。这些试验站为本土化做出了重要贡献。民国时期较大的试验站有中央农业试验所试验站、金陵大学南京农事总场、湖南棉业试验场、乌江农业推广试验区和中央模范农业推广区汤山办事处。工作主要集中在种子改良、作物栽培与病虫害防治等生物化学技术方面，而对于生产工具的现代化方面的研究则着力甚少。新中国成立以后，在接管原有试验站的基础上，随着农业科学技术的飞速发展，针对不同的农业自然地理条件，根据优势农产品区域布局的建设与发展，又建立了许多知名的、综合性或专业性的试验站，上与国家中心或区域中心相衔接，下与基层农技推广体系相配套，与高校和科研机构互为补充、互相支援的农业试验站体系，负责区域内重大科技成果的熟化、组装、集成、配套与示范，有力地支持着农业科技的研发、试验和推广工作。

（二）国内农业试验站发展模式

经过多年的探索与发展，中国现有的农业试验站也取得了一定成效。随着现代农业的发展，农业生产逐步现代化、智能化、集约化，农业试验站建设模式也呈现多元化发展。高校及科研院所作为人才、科技等资源的聚集地，具有较强的农业科技创新与推广优势。近些年，逐渐形成了农业科研院所及高等院校主导或参与建设的试验站。农业试验示范站成为连接大学农业科技与地方农业技术需求的核心载体和关键纽带，其实现了地方政府、基层农技部门与农户需求的多元融合，有力地打破了农业技术推广的区域限制，有效地整合了政府、大学、基层农业科技骨干、农户4个主体对农业科技创新的价值追求，有效地推动了当地农业产业的发展。

1. 校县合作、多方参与的特色产业带动模式

该模式的典型代表是西北农林科技大学白水苹果试验示范站（图2-1）。西北农林科技大学作为国家"985"工程和"211"工程重点建设大学，多年来一直致力于如何体现"产学研紧密结

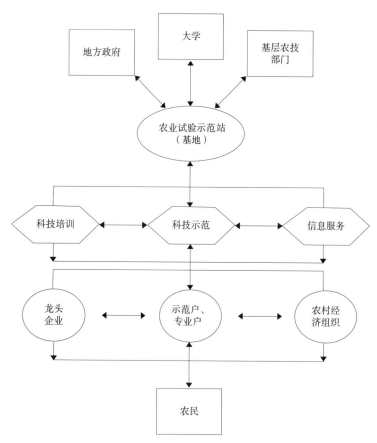

图2-1　西北农林科技大学白水苹果试验示范站农技推广模式

合"的办学特色，充分发挥大学的科技和人才资源优势，探索农业科技推广新模式。2003 年决定建立校外试验站，提出"定位一个区域，瞄准一个产业，建立一个试验站，培育一支技术队伍"的建设目标。有了产业化才能有农业的现代化，苹果成为西北农林科技大学破题的首选。2006 年，西北农林科技大学与白水县联合启动实施"校县合作苹果产业科技示范与科技入户工程"，开始探索大学农技推广新模式。西北农林科技大学苹果试验站选址在誉为"苹果之乡"的白水县，占地面积 160 余亩，累计投资 2000 余万元，规划建设有苹果种质资源圃、品种选育区、栽培试验展示区、苗木繁育示范展示区、新品种与新技术示范展示区等 8 个试验示范功能区。

发挥自身科技资源和结合区域产业特点。有 20 名不同学科的专家常年驻站工作，科研人员结合自己的研究方向，主动与有关主导产业的地方政府洽谈，以便将新技术及时提供给农户。通过技术示范推广，带动白水县苹果从 42 万亩发展到 55 万亩，产值从 5.25 亿元增加到 36 亿元，苹果收入占到全县农民人均收入的 80% 以上。

强调农户在农业技术发展中的参与作用。强调与农户合作，与白水县政府联合实施科技入户工程，采取"1+4+4"（1 个大学专家 +4 个县级推广人员 +4 个乡村技术骨干）的模式，促进了科研人员与农户的有效对接，重点集成和示范推广了各项关键实用技术。

加强科技培训提升农民专业素质。按照"示范县、示范乡、示范村、示范园、核心示范户"的总思路，以示范园建设为突破口，以技术培训为主要手段，推动"乔化成龄果园提质增效关键技术""旱地矮化苹果优质高效关键技术"等重大技术的推广应用。几年来，通过集中培训、现场培训、参观交流等多种培训形式，定期培训农民骨干技术员，极大地调动了地方农技人员的积极性，提高了农业技术推广的效率和农业技术转化率。

形成多方参与协作的科技推广组织体系。大学的专家、基层推广组织的技术员和科研院所的科研人员共同组成了推广团队，政府为大学农业科技推广创造了良好的外部环境和条件保障，无偿提供试验站用地以及其他基础设施。通过试验站科技人员的引领，以农民专业技术协会为组织载体，把分散的农户组织起来，加强农户与企业的连接，实现了农户与市场的有效对接，增强了农户应对市场风险的能力。

2. 依托于大学资源建设教学实践、科技示范基地模式

该模式的典型代表是浙江大学农业试验站，是浙江大学的直属单位，于2010年成立，其职责是对校内外农业试验基地的建设与管理工作进行统筹安排，同时落实教学科研社会服务等相关工作。浙江大学原有的农科实践教学基地主要是依托原试验农场。原试验农场位于华家池校区，规模较小、功能不全，无法满足教学、科研、社会服务等的需要。近年来，浙江大学进行校区布局调整，启动涉农学科整体搬迁工作，同时也启动了农业试验站的建设。其主要目标：积极创造条件，保证学生的教学实习、生产实习；保证各涉农学科科学研究试验的顺利进行；以现代农业科学技术为基础，大力开展社会服务、成果示范、技术集成和培训推广工作，重点突出服务农村、农业和农民，使农业教学科研与服务推广培训紧密结合。浙江大学农业试验站拥有校内外试验基地1500余亩，以及植物工厂、温网室群、标准农田

等类型多样的试验场所和设施，为浙江大学涉农学科人才培养、科学研究、科技创新、社会服务等提供了有力支撑。

支撑科学研究和涉农人才培养。近两年，农业试验站共承担了浙江大学涉农相关学院（学科）的科学研究试验服务任务528项，服务教师100多人，其中，国家"973"计划项目28项、"863"计划项目34项、国家自然科学基金140多项次。支持浙江大学校内外4000多人次的本科生课程实习、毕业设计及社会实践，以及400余名硕士研究生、博士研究生的科研专业技术指导和服务。

实现周边产业辐射带动发展。以试验站为载体，打造农业高新技术集成创新示范基地、生物育种基地等，进一步推进农业科技创新驱动发展，并通过辐射带动，促进了浙江省乃至南方同类型地区现代农业的发展。引进和培育桃、梨等经济作物新品种、新技术，葡萄、樱桃等作物辐射面积达 0.4 万 hm^2，产生了重大社会经济效益，有效推动了地方农业产业发展。

加强新型职业农民技术培训。依托试验站作为现代农业技术展示平台，开展多层次的科技培训、科普教育，培训农户1000余人，农技人员500多人；联合校内其他部门开办专题培训研讨班，学员共计2000多人次；开展中小学生科普教育活动，达3000多人次。

3. 依托科研院所开展人才培养、技术示范推广的产业带动模式

该模式的典型代表是中国热带农业科学院海口试验站（以下简称海口试验站）。该站的前身为中国热带农业科学院海口办事处，于1958年中国热带农业科学院从广州下迁至海南儋州

时成立，设在海口市，其职能是为位于海南农村的热科院及其下属所、站提供科研、生产、生活的物资供应和科技信息服务，为热科院推广科技成果，同时代表中国热带农业科学院与当地政府部门沟通、联系等。2002年12月，根据《科技部、财政部、中编办关于农业部等九个部门所属科研机构改革方案的文件》（国科发政字〔2002〕356号）批复，更名为中国热带农业科学院海口试验站，宗旨：开展种植业技术试验，促进农业发展；业务范围：热带作物新品种及热带农业技术生产示范与推广应用，热带农业科技培训与服务。2009年8月，按照中国热带农业科学院的统一部署，明确海口试验站发展定位：以香蕉为研究对象，以解决香蕉产业发展中的关键科学技术问题为宗旨，以增强中国香蕉产业自主创新能力、集成创新能力和引进消化吸收基础上的再创新能力为目标，引领、支撑、服务香蕉产业发展。多年以来，海口试验站依托科研院所开展人才培养、技术示范推广，带动当地特色产业发展。试验站的技术推广模式突出体现为坚持"三个结合"。

举办培训班与田间技术指导相结合。瞄准热带地区主导产业发展和科技需求，以热带地区香蕉等为研究对象，坚持工作开展与单位科研实际相结合、基础研究与试验示范相结合，开展技术培训与指导。一是坚持工作开展与单位科研实际相结合，田间技术指导服务覆盖整个香蕉产区。另外，在香蕉体系海口综合试验站的团队平台基础上，承办海南省基层农技推广体系改革与建设示范县基层农技人员培训、海南省农业科技110热作龙头服务站日常培训工作和海南省科技活动月专项技术培训等。二是坚持基础研究与试验示范相结合。试验站开展了基于香蕉水肥高效利用的多项基础研究，分别获得国家自然科学基金、海南省自然科学基金和海南省重点项目等资助；依托项目研究，组织开展试验示范基地现场观摩培训活动，参与观摩的人员包括国内外同行科研人员及其他地方农民、种植大户、公司技术员、地方农业科技推广人员。

网络视频服务与热线电话服务相结合。试验站承担的海南省农业科技 110 热作龙头服务站的视频和热线电话服务系统及全省 306 个农业科技 110 服务站并网连接，已经覆盖到除海南三沙市以外的所有市县。技术手册等资料发放与科技巡回展览相结合。编写了香蕉实用栽培技术培训手册和香蕉救灾应急"明白纸"，结合举办培训班和海南省每年一度的科技活动月等工作进行发放和巡回展览。

产业调研与基础研究相结合。试验站组织科研人员通过深度访谈、现场观察等调查方式收集中国香蕉产业信息，撰写中国香蕉产业调研报告，为科研选题立项和热作院的发展提供科学依据。获批多项与香蕉有关的项目，其中包括农业部"948"计划项目 2 项、国家自然科学基金项目 2 项、中央级科研院所基本业务费项目 2 项、农业部热带作物农技推广与体系建设项目 4 项、中央级科研院所基本业务费项目 5 项、海南省自然科学基金项目 7 项、海南省重点科技项目 3 项。

（三）国内农业试验站启示

1. 需要管理部门和稳定经费的大力支持

试验站由于土地、经费或业务活动，而与上级或地方行政部门之间产生联系。首先，试验站在建设过程中需要进行房屋等基础设施建设和征收土地等，还需要制定有关政策确保地方政府对试验站建设的支持。其次，试验站在把自己的科技成果转化为区域农业生产力时，也需要当地政府的配合。试验站开展的主要是公益性研究活动，地方政府应该积极支持试验站的科技成果推广活动，且有义务分担试验站庞大经费开支中的一部分。试验站在农业科技成果推广中，要借助当地农业科技推广组织。目前由于绝大多数基层农业科技推广组织挂靠在行政部门内部，基本没有独立开展业务活动的权利；因此，试验站需要获得政府支持，以获得基层农技推广组织在培训和试验工作上的配合等。

稳定的经费支持机制是试验站生存的前提条件。试验站基础设施建设、实验用品和日常运行都需要大量的经费投入。当前，中国大部分农业试验站的经费来源主要是各级政府以及参与试验站的科研机构（高校）。政府对全国各个试验站的经费划拨可以按照各个试验站覆盖的土地、农业人口或生态保护负担，通过项目经费的方式投入，保证其所投入经费在试验站总需求经费中占有合理的、稳定的比例。地方政府是试验站成果的直接受益者，也应有稳定的经费投入。

2. 实现与当地产业的有效对接是关键

兴建农业试验站，目的是改良农业生产，提升农产品品质，改善人民生活。实现这个目标的途径之一就是围绕当地主导产业，开展有针对性的、切合当地农业生产实际的科学研究工作，以其研究成果贡献于社会，推广于农民，使之成为推动当地主导产业发展的现实生产力。现代农业新品种和新技术必须针对不同的自然地理条件，从实验室走向试验站，并最终释放到农业生产环节中，从而促进当地主导产业提档升级。

促进高新技术和品种本土化。科学技术的本地化，是指采纳当前先进技术、能独立开展科学研究和自主创新技术的过程。先进技术只有经过本土化改造才能成为根植于当地农业发展之中的实用技术。对于农业科技而言，本土化改造尤为重要，因为农业生产具有最为明显的地域性、民族性和历史延续性。通过试验站的本土化改造，高新技术和品种在生产实践中获得应用，和当地农业生产紧密结合，成为指导当地农业生产的理论和提升农业生产水平的新技术。

建立核心示范展示基地。应转变农业发展方式，促进种植业生产向绿色、高效和生态方向发展，引进先进的农业生产管理系统、新技术新品种，形成当地农业产业新技术推广、农业实用技术示范、人员培训与咨询服务的重要基地，建立试验站—示范区—示范户组成的示范模式，为区域农业的可持续发展提供重要的理论指导和实体示范。

打造农民科技素质培训基地。试验站有良好的技术人员，可为当地农民提供安全、健康、灵活多样的生产教育和职业技能培训，从事推广工作可直接把最新科技成果传授给农民，提高农民科技素质和劳动生产率，使其及时掌握最新技术，保证了农村农业技术的先进性，使科技成果及时转化为生产力，帮助提高农民生活质量，促进乡村的整体进步和可持续发展。

3. 建立科技人才服务体系保障成果有效落地

建立科技服务人才培养机制。依托试验站平台为农业科研机构、高校长远发展规划培养、造就、吸引和凝聚一批立足国内、有国际学术地位的学术带头人，坚持引进优秀人才和培养原有人才并重的政策。在坚持和完善开放、流动、交流、竞争机制的前提下，一方面积极地、高标准地引进优秀人才，另一方面通过送出去培养和自我培养、学者交流相结合的办法，加快高素质科技服务人才队伍建设。

建立基地与专家对接机制。鼓励农业科研机构所（中心）之间、农业高校二级学院之间联合，组建跨所（院）、跨学科、老中青结合的综合科技服务团队。团队在责任专家带领下，围绕基地需求，采取"责任专家＋服务团队＋基层技术骨干＋基地＋农户"方式示范科技成果。同时，依托基地，充分发挥农业科研机构、高校专家优势，为基层科技服务团队培养技术人才。

建立科技服务与科技创新互动机制。通过建立科技服务与科技创新互动机制，实现推广与科研良性互动。通过该互动机制，使得在向农村推广技术的同时，通过深入生产实践，发现和收集生产中存在的实际问题，把这些问题带回去经过筛选，有可能成为新的研究课题；因此，试验站搞推广不仅保证了新技术及时应用于生产，还保证了研究课题的实用性。

第三章

试验站建设与运营的理论探讨

农业试验站能够促进现代科技成果尽快转化为农业生产力，促进学科交叉、科技人才培养区域内农业科研、教育和推广单位之间的合作；试验站在实践中发现实际生产问题，为大学科学研究提供新的课题项目。试验站与大学、科研机构二者之间呈互动、互相促进的关系。建设农业综合性试验站是一个涉及农业科技体制改革和政府职能转换等各方面的系统性问题，只有系统性地考虑到建设、运营过程中的方方面面，才能稳步推进试验站的建设并保证其功能的最大化发挥。

一、试验站建设

中国幅员辽阔、地大物博，自然资源种类繁多，地域之间差异极其显著。与此同时，虽然我们人均 GDP 已超过 1 万美元，但东、中、西部地区在经济发达程度和社会发展水平上还很不均衡。因此，农业试验站若想对当地农业发展起到驱动和科技支撑作用，必须在建站前充分、全面、准确地了解、把握属地的各种自然资源、生态环境状况和农业以及经济与社会发展水平，知此知彼，方能在顶层设计上，科学确定试验站的选址、功能、结构、规模与水平，达到建站的目的。

加强对综合试验站的建设力度，不仅可以提高基层农业科技推广服务的质量，还能促进现代农业的发展。现代农业主要运用现代科技、管理方式、现代工业生产提供的生产资料进行农业生产。当下，中国正处于传统农业向现代农业转变的时期，农业农村的发展存在很多问题，加快综合试验站的建设能够促进传统农业向现代农业的转变。

农业综合服务试验站以试验站为载体把先进的农业科技和生产结合在一起，并以其为示范源，辐射带动周边地区发展，将先进的农业技术推广到广大的农村地区，带动地区经济的发展，解决农村发展问题。试验站的建设要做好统筹规划，全方位、多角度地考量其建设和运营过程中可能涉及的诸多因素，如当地经济自然资源状况，社会、经济发展水平，属地农业现状与现代化评价，明确建设试验站的目的，确定试验站的功能定位、选址原则和布局，建站的指导思想，主要建设内容以及政策上的支持等。

（一）当地自然资源与经济、社会发展水平

建设试验站要考虑当地的自然资源、经济社会发展水平，充分发挥其优势，合理配置资源，全面分析，科学决策。

1. 自然资源

自然资源：如气候条件、地形地貌、土壤资源、水资源、环境状况和旅游资源等。

气候条件：如气候类型、空气湿度、年平均温度、极高温、极低温、积温、光照、降水、灾害天气等。

地形地貌：如地理位置、海拔、总体地势、地面坡度和山区（深山、中山、浅山）、丘陵、高原、平原、盆地等地形结构。

土壤资源：如土质、土壤 pH 值、盐渍化程度、土壤养分含量及主要障碍因子等。

水文与水资源：如水文（河流、湖泊、湿地、沼泽）及水资源情况、灌溉用水、地表水、地下水等。

环境状况：如水土流失，大气、水体、土壤、噪声污染等情况。

旅游资源：如国家级重点文物保护单位、省（自治区）级重点文物保护单位、自然景点等。

其他资源：如矿产资源、生物资源（包括动物资源、植物资源和微生物资源）、人文资源。

2. 经济社会发展水平

经济的发展和科技的进步是相辅相成、互相促进的。经济发展是基础，实验站的建设一要考虑当地的经济发展水平，包括当地生产总值、人均地区生产总值，以便确定当地的经济发展水平；二要了解当地一二三产业的结构，以便确定农业在当地国民经济中的地位；三要了解当地的财政收入状况，以便确定其支农潜力。区域经济实力的强度，决定了其科技腾飞的高度。

农业在一个国家和地区的经济、社会生活中，发挥着其他非农产业不可替代的重要作用。科技是经济和社会发展的重要推动力量。在科学技术日新月异、快速发展的时代，农业科技进步已经逐步取代部分农业资源禀赋，成为农业发展的决定性因素。一方面，农业科技的发展势必带来当地社会发展的巨大进步；另一方面，当地农业科学技术的应用和推广，与当地社会发展水平密不可分。

建设试验站需考虑当地社会发展状况，主要分析人口（如常住人口、非农人口、民族、性别和年龄结构）、劳动力数量和素质（用受教育程度来衡量）、科学技术、能源结构（如电、煤、太阳能、风能、天然气等）、环境保护（如大气、水、土壤的污染状况）、交通（如高铁、高速公路的建设情况）、通信与网络（如4G、5G覆盖率）、教育、文化、体育、医疗卫生、城镇建设、社会保障和生活水平等，为技术的选择、应用的推广提供参考。

（二）属地农业现状与现代化评价

科学技术的应用要结合受众的接受能力，因地制宜、因人而异。建设试验站要充分了解属地农业现状，评价其农业现代化的进程，合理规划和配置农业资源，提高农业资源的利用率、改善生态环境、推动农业可持续发展。属地农业现状与现代化评价需要从6个方面考虑。

属地农村的概况：如行政管理结构状况、农业人口数量、从业人员数量与素质、产业结构、耕地数量和质量（土壤类型、土壤肥力）、农业基础设施与设备（如水利化、机械化、数字化）、农民收入等。

农业结构、规模与效益：如农业结构与规模、经济效益、生态效益、社会效益等。

主要产业及分布：如畜牧业、种植业（粮食作物、经济作物、饲料作物）、果业、粮食、旅游农业。

农产品物流配送与加工：主要考虑农产品配送、电子商务和农产品贮藏、加工。其中，农产品配送需要考虑配送企业规模、结构和水平、产品销售方向、效益、存在的问题及主要制约因素；农产品加工需要考虑行业结构、规模（如相对规模、企业规模）、空间布局和效益（如行业效益、企业效益）。

农业科技体系现状与评价：需要考虑属地农业科技创新体系和农业技术服务体系的基本情况，并进行评价。

农业现代化进程及评价：如果当地已有权威的农业现代化评价指标体系，则可以直接进行评价。通过对属地农业现代化水平的评价，一方面判定该地农业现代化进程，明确其农业现代化进程所到达的阶段；另一方面对该地农业现代化进行诊断，梳理其农业现代化进程中所取得的成绩和进展，更重要的是发现农业现代化进程中的短板及原因，给未来的调控指明方向。

如果属地没有农业现代化评价指标体系，则需要编制当地的农业现代化评价指标体系。评价指标体系的编制原则：①前瞻性与指导性——体现当地农业现代化的基本特征。②科学性——主要体现在目标值和权重的确定上。目标值分两类：共有指标与特有指标。共有指标的目标值，采用世界上先进或较为先进国家农业的动态发展水平。特有指标则具有地方特色，其目标值应是整体现代化所应具有的最低水平。在确定权重时，为尽可能减少主观因素的影响，宜采用德尔菲法及其他科学方法。③扩展性——是指农业应适度向二三产业延伸。④地域性和通用性——既要突出地方特色，又要兼顾在一定地区范围内各分单元之间通用。⑤时效性——能反映当前的时代特征。

⑥可达性——可按照世界现代农业的发展水平，将评价目标细分为领先、先进、平均、初级4个等级。从时效性出发，确定评价指标体系各指标的目标值。⑦实用性与可操作性——指标体系不宜求全、求细，保留核心指标，突出效果；尤其要重视数据的采集难度。

依评价指标体系的计算方法和评估方法得出该地农业现代化进程到达哪个阶段（起步阶段、初级阶段、基本实现阶段、完成阶段）；通过评价指标体系的诊断功能，找出当地农业现代化进程中的短板和问题，明确未来几年建设的重点和难点。根据对当地农业现代化进程的测算、评价、分析和诊断，就今后发展现代化农业的举措，提出对策建议，为科技服务进行导向。

（三）属地农业的发展方向

属地农业的发展方向决定了试验站的功能和定位。试验站的功能之一，是以科技的力量带动农业的发展，促进属地农业转型升级、提质增效，增加农民收入。其建设势必符合属地农业的发展方向。

试验站对属地农业的发展起到支撑和促进作用。发展农业的根本出路在于科技兴农，试验站通过催化科技成果与生产相结合，把现有的科研成果迅速转化为生产力；通过技术指导，解决属地农业发展中的实际困难；通过培训，提高当地农业从业人员的技术水平，促进属地农业的现代化进程。

未来中国现代农业发展方向是智慧农业。属地农业的发展方向，需要站在国际、国内农业发展态势的大视角上，考虑属地农业资源禀赋、特色农产品以及农业现代化水平；了解当地科技进步水平、生物技术水平、数字技术运用水平、信息技术运用水平和人工智能水平，进行综合确定。预测农业发展方向要有一定的前瞻性和长远性，通常为未来15～30年，甚至更远。

（四）建站目的

满足属地农业转型、提质升级和农民增收的需要。在以智慧农业为大方向的引导下，转型升级是属地农业发展的必经之路，需要增加农业的科技含量，提升农业科技水平，做好产业融合，提高农业生产效益。农业试验站通过研究试验总结得出的新技术，在农户中大力推广应用，助推当地农业的转型升级和效益的提升，增加农民收入。

满足国家农业科研体制改革的需求。农业科研体制改革的目的是解决农业科学研究工作和农村经济发展结合不紧密的问题，就是解决机构设置重叠，研究水平较低，科研力量分散，解决农业生产关键技术问题的科研成果少而慢的问题。试验站位于新型国家农业科技创新体系的最低层，是把理论研究成果推向生产实践的平台。构建试验站不仅有利于交叉科技研究、促进成果转化，也能促进基层农业科研、教育和推广体系密切合作，更有利于探索农业科研体制改革的成熟道路。

满足科研单位提升创新能力的需求。农业试验站是科研单位至关重要的创新平台和服务平台，对属地农业的发展要起到带动和辐射作用，是农业科技创新的风向标。科研成果的转化和示范推广，可以助力农业生产效益的提升；科研技术的应用反过来可以检验科研成果是否成熟，检验其不足之处，进一步指导科研人员完善其研究成果。同时，通过科研和实践的结合，科研人员能够不断地发现新问题，申请新的科研项目，拓宽研究领域。

满足科研单位培养人才的需求。高标准、规范化的农科实践教学基地是培养综合型、应用型农业人才的重要支撑条件。现代化的试验站不仅担负着全面深化科研体制改革的重任，也是形成重大科技成果、实现高效益、培养高素质人才的重要科研基地。科研单位（或者高校）可以依托试验站平台为本单位的长远发展规划培养、造就、吸引和凝聚学术带头人，引进优秀人才和培养原有人才，加快高素质创造性科研队伍的建设。

（五）功能定位

农业是经济发展的基础，农业科技进步在农业发展中的作用越来越重要，强化优化农业科技创新也是大势所趋。农业科技创新体系要关注全局性、长远性的农业技术创新，要关注关乎国计民生的、高风险性的、私人投资不敢涉足的基础性农业科技创新领域。

农业试验站的建设需全面思考属地农技推广模式的现状，结合属地农业产业发展形势和项目参与单位的实际优势来确定其功能定位。通常试验站的功能包括科学试验功能（田间小区试验、中试和生产性试验）、成果转化与展示功能、示范推广功能等刚性的功能；还可以视条件情况设置培训、教学实习、科普和农业科技企业的孵化等非必备性功能。具体需要根据属地农业的基本情况、农业发展的方向和农业发展的动态需求，确定试验站当前的功能和未来的功能。

（六）选址原则与布局

农业试验站是开展农业科技创新的终端载体，也是农业科研单位赖以生存和持续发展的重要保障。选址与布局是试验站良性运行的前提之一，对科研创新发挥着基础性和决定性作用。

1. 试验站的选址原则

自然资源具有代表性。试验站的选址要密切结合属地的自然资源特点，如区位、气候、地形、土壤、耕地、肥力、水源、环境质量等。地形以山区为主的地区，试验站不宜建在平原处，不宜建在当地肥力状况上等地，宜建在肥力状况中上等地；水资源丰度和特征应在当地具有代表性。需要强调的是，农业试验站必须建在永久基本农田；如果不是永久基本农田，则需要当地政府将试验站基地划为永久基本农田。永久基本农田经依法划定后，任何单位和个人不得擅自占用或者改变其用途。国家实行永久基本农田保护制度，农业科研、教学试验田等 5 种耕地根据土地利用总体规划划为永久基本农田，实行严格保护。这是试验站的稳定和长久运行的重要保障。

生产条件居中上等水平。属地的水利条件、机械化水平、设施配置、能源状况、通信网络和道路交通等在当地应居中上等水平。

政府重视、支持。试验站的建设和运营涉及用地、资金、税收和安全等需要当地政府协调支持，为试验站创造良好的外部环境。同时，地方政府在产业发展规划制订、基础设施完善、经营体制创新、产业政策扶持、社会氛围营造等方面具有强大的协调动员能力。试验站与地方政府加强沟通与联系，取得支持与配合，可以避免在促进产业发展上出现"两张皮"，达到事半功倍的效果。

从业人员素质。属地从业人员的素质（尤其是农民），会直接影响到农业技术的接受程度。从业人员素质一般用平均受教育程度来衡量，如果受教育程度偏低，思想理念和思维方式可能会有局限，对于新技术的掌握和使用会有一定的障碍。试验站的选址要了解属地从业人员的素质，使农业科学技术与受众相匹配，以达到技术应用和推广的目的和效果。

选址的关键步骤：①广泛考察，确定备选地块；②重点考察，评估筛选，确定地址；③与地方政府商谈；④签订框架协议；⑤办理项目立项手续。

2. 试验站的布局

试验站应以全域、产业发展整体角度进行布局，主要考虑两个方面。

主导产业：主导产业是指有适合该产业发展的优越自然条件，产品因地域自然禀赋而市场竞争力强；有相当的种植规模，在当地农业结构和收入结构中占有较大的份额；其产品是当地的"拳头"产品，能够成为当地农民持续收益的主要来源。农业生产与工业生产的最大区别在于农业不仅是经济再生产过程，还是一个自然再生产过程，受当地自然资源诸如气候、海拔、土壤、雨水、光热等条件的影响和制约，不同地理区域生产的同一种农产品自然品质往往差异很大。所以，应当把试验站建在主导产业的聚集区。

特色产业：特色农业发展是地方现代农业发展的最大优势和潜力所在，各地在布局本地现代农业技术产业体系及产业的选择和确定上，绝大部分立足当地优势条件，发掘当地优势资源，致力于培育当地的农业主导产品，突出地方特色和优势，凸显地域性。农业试验站的布局与地方特色产业结合起来，可以得到当地政府更多的重视和支持，为农业科研的开展提供保障。地方的特色产业有了专家团队作为支撑，可以多研究提质增效、节本增效技术，降低生产成本，提高农产品品质，不断提高产业竞争力，实现农业增效、农民增收。

（七）指导思想

汇聚资源，构建"一主多元"农技推广体系。构建综合配套、便捷高效的新型农业技术推广服务体系，必须坚持以农业技术推广机构为主导，鼓励和支持社会各方面的力量参与农业技术推广服务。农业综合服务试验站作为政府部门及社会各界参与农技推广的重要桥梁，应建立上下沟通的技术推广与信息渠道，促进区域内农业科研、教育和推广单位之间的合作，更好地发挥农业技术推广机构的主导作用。

需求为本，促进区域农业节本增效。以区域农业的实际需求为根本出发点，针对区域特定的地理、气候、生态环境，把国家中心或区域中心的成果吸收转化到所在地区的农业生产体系中，完成区域内重大农业科技成果的熟化、组装、集成和配套，促进现代科技成果尽快转化为实际生产力，实现区域农业节本增效。

产学研深度融合，服务创新创业与乡村振兴。以农业新技术和新成果为支撑，开展创新创业教育与培训，加强农业高新技术与成果的示范转化，促进地方农业产业结构调整和升级，引领农业产业发展与乡村振兴，为服务社会主义新农村建设目标提供有力支撑，成为引领未来农业发展的成果孵化中心、开展农业科技推广示范的社会服务窗口。

（八）建设内容

根据试验站建设的目标和指导思想，结合当地农业发展的现实需求和市场需求，试验站配套基础设施建设包括试验场地、生产设施、办公室、实验室、库房、食宿区、供水系统、排水系统、供电供燃系统、道路、围栏、灌溉、通信、有毒有害物品处理区等区域，达到"田渠成方、路桥配套、绿化成网、网络畅通"的标准。

1. 基础设施、设备

试验场地和生产设施是试验站的主要硬件之一，可根据具体田间试验类型划分大田试验区和设施试验区；根据试验需要确定连栋温室、日光温室及一般塑料大棚的分布与数量，其中按需配置传感器、电脑等智能化设备，主要用于新品种、新技术、新成果的研发、中试、展示等相关工作。

办公用房、实验室、食宿用房、仓库等的建设方案需经商讨、申请、批准后方可建设。

办公用房分为工作人员办公室、会议室、实验室、检测化验室、展览间等，需配备电话、电脑、传真、打印机、复印机、网络等基本办公设施，用于驻站相关人员及流动专家开展科研实验、示范推广、咨询服务等相关工作。会议室配备基本的会议培训设施，具备召开会议、组织技术培训、开展远程教育、观看视频资料等相关功能。

实验室：开展基本生理生化实验、产品质量检测等工作，需要配备基本的实验仪器设备，初步具备完成接样、准备、制样、烘干、冷藏、样品保存、计量、病虫镜检、种子发芽率检测、农产品质量安全检测等基本试验功能。

食宿区：是工作人员居住生活的区域，配备盥洗、淋浴、住宿、餐饮等基本食宿设施，为驻站人员及流动专家提供基本食宿保障。

库房：用于农资储备和产品贮藏加工等，根据贮藏或加工物品的种类和特性不同，还可以有冷库（包括低温库、冷冻库等）。

灌溉方面：根据试验站的试验示范内容，配合水肥一体化和节水灌溉，合理设计灌溉设施和布置管线。

交通方面：修建站区内可通行农用机械及货运车辆的主通道，生产设施间的副通道等。

能源方面：供暖、电力、燃气等能源供应。

通信方面：物联网系统及其配套网络中心，配备先进的移动互联网络，如5G。

排水：雨雪减排、废旧营养液排放等设施建设。

供水：考虑普通地表水灌溉还是机井水灌溉。

办公室：分为试验站工作人员办公室、会议室、展览间等。

废弃物收集与处理：包括污水处理、垃圾收集处理以及需要特殊设备处理的畜禽粪便、死禽畜、病残株等可能存在有毒、有害污染的物质处理。

2. 农业工程技术系列

主导产业技术系列：当地主导产业的产业链配套技术。

特色产业技术系列：当地特色产业的产业链配套技术。

循环农业技术系列：种养一体、清洁生产的零排放、无污染种养殖工程技术，农业废弃物循环利用技术等。

数字农业技术系列：精准化、智能化、数字化农业。

生态保育技术系列：荒山荒坡治理、废弃土地复垦、水土污染修复、生物多样性维护等技术。

3. 服务支撑体系

物流系统：包括产前、产中生产资料的购买、运输、贮存设施设备以及农产品冷链物流设施建设。

大数据中心与网络平台：试验站运营管理系统以及其配套网络中心建设。

咨询：提供农业农村科技、工程、技术等咨询服务。

示范推广与培训：试验示范国内外先进农业科学技术，驻地干部、技术人员、合作社负责人和农民的培训并辐射带动周边地区农业产业发展。

内外交流：走出去，引进来。开展站内外先进农业科技交流，定期举办展示、试验、示范观摩会与学术研讨会。

金融：加大资金投入，健全金融服务体系，适时适地引入农业保险。

物业管理：制定相关管理制度，配备专职管理人员以及运维工作人员，保障试验站正常运维。

（九）政策支持

土地政策方面，试验站建设用地审批及使用需要土地政策保障，也需要试验站所在地政府大力支持，还需要制订试验站用地费用相关条款以及签署土地利用合同。

科研经费方面，为了提高试验站的科技引领和示范水平，试验站所属单位应给予科研经费支持；在申报国家、省部重点或重大课题时，对农业试验站的科技人员给予倾向性支持。

人才引进方面，为促进试验站科研水平的提升，顺利完成各项科研任务和成果转化，制定相应引进与激励政策，吸引农业科技人才以及高校毕业生进站，适当引进试验站所需专业人才和管理人才。

税收方面，鼓励试验站开展产学研结合创新，提高科研成果转化率，对以科技成果转让、许可等方式所带来的收益给予税收优惠政策，引导高新科技成果转化领域以及相关产业快速发展。

运行资金方面，试验站的运行离不开资金的支持，首席专家应积极牵头申报国家和省部农业科研推广项目，争取市县各级政府资金支持，管理者应创新拓展引进社会资本参与进来，争取多方支持，做到互惠互利，保证试验示范站正常运行和可持续发展。

二、试验站运行

农业试验站在实际运行过程中，要结合其体制性质，确定相应的组织机制框架及相关人员职责，完善区域产业相关机制体制及基地建设，制定实施项目的选择及管理制度，通过田间试验示范、技术评估组装与集成等环节落实先进技术设备的推广落地。同时，完善农业技术服务体系及试验站评价考核体系，确保试验站长期顺利稳定运营。

（一）体制

综观国内外农业试验站，多是为高校、科研院所的教学、科研提供服务支撑，或为解决全国性和区域性的农业问题而设立。每个试验站都有相应的研究所或学科为依托，主要以育人、科研和社会效益为目标，体制上包括全民、民营、合作和股份性质的形式，且主要以学校直属或者学院直属单位的形式存在。科研单位与地方政府建立密切合作关系是确保试验站成功的重要基础。以科研院所的科技、人才、成果资源为依托，以试验站的政策、土地、人力资源为保障，以区域性实际生产需求为导向，以科技创新为纽带，以成果转化应用为核心，搭建齐抓共管的试验站运行管理平台，推动科研单位、推广部门和农业生产单位之间有机结合，有助于全面实现"产学研用推互动发展"的功能定位。

试验站由主要参与的院校、科研院所与属地政府共建，并根据发展需要吸纳有实力的企业和社会团体参加。为保证顺利建设与运行，首先组建试验站领导小组，领导小组由属政府和有关科研、教学机构领导共同组成。领导小组是试验站的最高决策机构，不定期组织召开领导小组协商会，统筹、决策、协调和监督试验站的运行管理工作。通常设试验站站长 1 名，由科研院所人员担任，试验站副站长 2 名，由科研院所和政府受理部门相关人员担任；同时，依托科研院所科技推广处和政府受理部门，联合成立试验站管理办公室，负责试验站的各项日常运行管理工作，如安排长期驻站工作人员，协调配合教学科研单位临时聘用当地技术工人，协调落实试验站开展试验示范和成果推广服务相关基地，组织乡镇级相关技术人员组建试验站技术对接团队。同时，建立考评机制，对长期驻站工作人员和乡镇级技术对接团队相关工作进行考核。试验站组织架构如图 3-1所示。

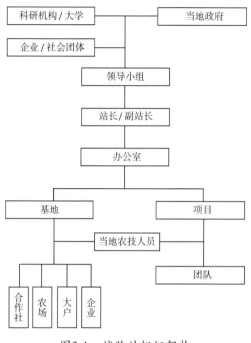

图3-1　试验站组织架构

（二）机制

农业试验站在领导小组的领导下，多部门、多岗位按责、权、利开展相应的业务工作，确保决策、执行和监督 3 个层面权责明晰、相互制约、相互协作。需建立健全运行机制，引进与培养优秀人才，做好团队建设，并充分发挥人才的优势。鼓励科研成果申请专利，重视知识产权分配与保护，保障科研人员的权益。在人才管理上，根据学科或研究方向特点，设立适宜的考评制度和鼓励、奖惩制度。在服务方面，做好物业管理工作，为科研专家提供后勤保障。此外，在建设、管理、运营等方面，吸收国内外经验，做好国内外专家服务交流工作。

为了确保试验站稳定运营，要建立项目申请制度、检查和评估制度、项目收益分配制度。

建立项目申请制度。项目的申请和审批要走向规范化、民主化、透明化，以便各项目小组间进行公开、公平的竞争。这样不仅能充分、有效地利用有限的科研资源，而且通过引人竞争机制，促使各项目小组不断提高自身的科研水平。项目的申请结果要进行公示，以便接受监督，防止在项目申请过程中出现欺瞒、舞弊的问题。要对项目申请人的资质进行严格的规定和审核，评估申请小组的科研能力，使其真正有能力按申请计划完成科研项目。

建立检查和评估制度。要建立科研项目定期汇报和检查制度，随时对科研项目进行跟踪检查，防止项目研究中出现不必要的损失，提高科研项目的质量。另外，要逐步完善科研项目的评估制度，不仅要注重科研项目的技术水平，而且要注重对其经济效益、社会效益和生态效益的评价。要建立科学合理的评价指标体系，在考核指标的设置上要定性和定量相结合，要注意从研究成果、科研能力水平的提高以及对社会所做出的贡献这几个方面对科研项目进行综合评价，以真正反映项目的效益水平。

建立项目收益分配制度。在确定项目成果的所有权归属上要坚持"谁投资，谁受益"的原则。对于一些公益性比较强、主要由国家进行投资的研究项目，其科研项目的成果要归属于国家所有，由国家无偿进行推广应用，但同时要对其科研项目带头人和科研人员进行适当的奖励。对于一些具有竞争性的技术和科研项目，要尽量吸引民间投资，走产业开发的路子，其成果的归属由投资人和科研人员协商解决，但同时要兼顾试验站的利益。

而且要通过完善知识产权制度，加大对竞争性科研项目成果的知识产权保护力度，以维护科研项目当事人的合法权利，提高其参与农业技术试验、示范和推广的积极性。

（三）区域产业技术体系的建立与完善

农业试验站区域产业技术体系将按照产业区域布局规划，依托具有创新优势和科研资源，建立健全相应的技术产业体系，包括种植业（粮、经、饲、瓜菜、菌、花、药、果等）、畜牧水产业（畜禽；水生动物，如鱼、虾、甲鱼等；植物，如莲藕、慈姑、菱、藻等）、设施农业、水利工程管理（灌溉、排水、节水等）、数字农业（大数据中心、天空地一体化等）、生态农业（清洁生产）、休闲农业、农产品贮藏加工、籽种农业等九大产业技术体系。

1. 建立和完善种植业产业技术体系

种植业产业技术体系区域产业合理布局，设立粮食、经济作物、饲料、瓜菜、食用菌、花卉、药材、果树等种植区域，并安排管理人员（图3-2）。种植业技术推广体系工作，主要包括农业部门所属的技术试验、示范、培训、推广、良种繁育、病虫测报、植物检疫、土肥监测、种子检验等机构和人员，以及农业科研、教育单位和农民技术员，具有时间长、人员多、队伍强、公益性强的特性，是种植业科技进步和经济发展的基本组织依托。农技推广体系建设，既包括基础设施、条件的建设，机构和队伍的建设，也包括机制和体制的创新。要抓机构和队伍稳定，抓体制和推广机制转变创新，抓建设和发展新途径开拓，促进农技推广体系在改革中的稳定，在创新中发展。总体来看，种植业技术体系主要包括新品种选育、配套栽培技术、机械化种植设施设备、机械收获技术、农作技术、专家系统及植保技术等。

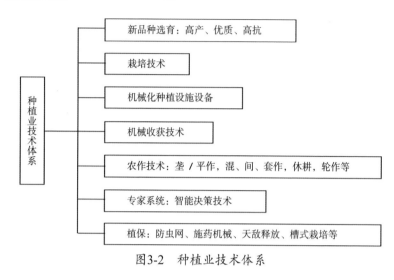

图3-2　种植业技术体系

2. 建立和完善畜牧、水产业技术体系

包括遗传育种、饲草与饲料种植及加工技术、饲料生产技术、生态养殖工程、养殖机械与设施、防疫体系、检验检测体系、粪污处理及资源化利用技术等（图3-3）。

针对畜牧产业，养殖区域的选择及布局很关键，要做好防疫检疫工作，并完善畜禽业养殖产业链，强化社会化服务体系建设。探索现代畜牧业科技创新体系，积极发挥科学技术在畜牧业发展中的作用。与中国工程院、中国农业科学院、中国农业大学等科研院校合作，引进专业养殖技术服务团队。强化干部队伍建设，在市管理体制基础上，围绕现代畜牧业发展，联合专家团队、科研院校开展合作，联合举办集中培训、专题讲座等，培养业务骨干和技术带头人，以便通过提升干部队伍素质，提供良种繁育、饲料供应、防疫检疫、品牌打造、市场营

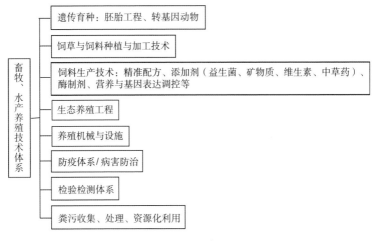

图3-3 畜牧、水产养殖技术体系

销、科技推广为重点的全方位和综合性服务。针对畜禽业产生
废弃物庞大的问题，必须坚持走绿色发展之路，加大养殖污染
物的处理和病死畜禽无害化处理工作力度，推进种养结合、清洁
养殖和粪污综合利用。在推广产品上，要毫不松懈地抓好畜产
品质量安全监管和动物疫病防控，建立无缝对接的监管监测机
制，落实主体责任，健全完善的质量安全追溯体系。

　　水产业是指利用各种可利用的水域或开发潜在水域（包括低
洼地、废坑、古河道、坑塘、沼泽地、滩涂等），以采集、栽培、
捕捞、增殖、养殖具有经济价值的鱼类或其他水生动植物产品的
行业，又称渔业。包括采集水生动植物资源的水产捕捞业和养殖
水生动植物的水产养殖业两部分。广义的水产业还包括水产品的
贮藏、加工、综合利用、运输和销售等产后部门，渔具、渔船、
渔业机械、渔用仪器及其他生产资料的制造、维修、供应等产前
部门以及渔港的建设等辅助部门，它们与捕捞、养殖和加工部门

一起构成统一的生产体系。对结合农业试验站水产业体系的建立和完善，将种养示范列入重点工作任务，引入稀缺鱼类亲本，加强新鱼种的繁育，全力推进试验站所在地区的水产业发展。充分发挥试验站的平台作用，深度融合"产学研""科教推"各方面的技术力量，为产业发展顶层设计、基层技术需求当好参谋，做好支撑。水产良种事关中国渔业的稳定发展和战略安全，是水产绿色发展的物质基础，特色淡水鱼包括罗非鱼、鲴、鳜、淡水鲈、鳢、鳗鲡、黄鳝、泥鳅、黄颡鱼、鲟、鲑鳟共11大类，是除大宗淡水鱼外的重要内陆养殖品种，在推进农业供给侧改革、新农村建设、产业扶贫等方面都发挥着重要作用，同时也是参与"一带一路"建设、实现渔业走出去战略的重要品种。特色水产植物，包括莲藕、慈姑、菱、藻等，在促农增收方面也发挥着巨大的作用。农业试验站在其中发挥着重要的科研作用，要加强品种繁育及推广示范工作。试验站建立水产业体系，围绕特色淡水鱼、种植水草等种业问题，通过体系内外的联合协作和攻关，打通产学研的链条，建立起较为完善的特色水产品种质资源库和育种技术平台。

3. 建立和完善设施农业生产技术体系

设施农业是在环境相对可控条件下，采用工程技术手段，进行动植物高效生产的一种现代农业方式。设施农业涵盖设施种植、设施养殖和设施食用菌等。设施农业是采用人工技术手段，改变自然光温条件，创造优化动植物生长的环境因子，使之能够全天候生长的设施工程。设施农业生产技术体系（图3-4）其核心设施就是环境安全型温室、环境安全型畜禽舍、环境安全型菇房。关键技术是能够最大限度地利用太阳能的覆盖材料，

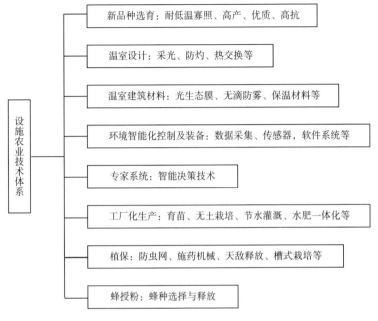

图3-4 设施农业技术体系

做到寒冷季节高透明高保温；夏季能够降温防苔；能够将太阳光无用光波转变为适应光合需要的光波；良好的防尘抗污功能等。针对设施农业，在因地制宜完善设施设备的同时，研发配套的栽培技术、养殖技术等，实现环境及设施农业全产业链的智能化控制。设施农业技术体系的建立和完善主要包括新品种选育、温室设计、温室建筑材料、环境自动调控技术与装备、专家系统、工厂化生产、植保、蜂授粉等。

4. 建立和完善试验站水利工程管理产业技术体系

包括节水设备应用技术体系、节水灌溉措施、节水配套栽培/养殖技术、排水沟渠配置与调控等（图3-5）。在前期基础设施建设方面，做好水利工程质量管理体系，主要包括质量设计策划、设计问题研究、质量方案设计、质量详细设计等，以上环节涉及信息和物资传导，需要将其正确地衔接起来，以保证水利建设的质量。同时，由于农业试验站功能的特殊性，需要根据区域种养殖产品，建设合理的排水渠道及废水的合理化处理或循环利用。在植物种植区，要考虑节水灌溉设施设备的采购及应用，尽最大努力获得节水用水，实现高效益。试验站水利工程技术体系主要体现在节水灌溉上，而节水灌溉措施主要包括微灌、喷灌、滴管、渗灌等。

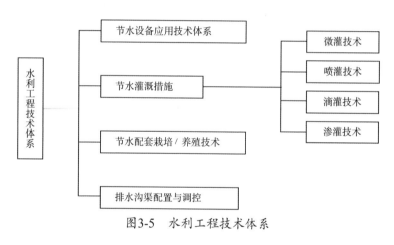

图3-5　水利工程技术体系

5. 建立和完善数字农业产业技术体系

数字农业是指将遥感、地理信息系统、全球定位系统、计算机技术、通信和网络技术、自动化技术等高新技术与地理学、农学、生态学、植物生理学、土壤学等基础学科有机地结合起来，以实现对农作物生长、发育状况、病虫害、水肥状况以及相应的环境进行定期信息获取，生成动态空间信息系统，对农业生产中的现象达到合理利用农业资源、降低生产成本、改善生态环境、提高农作物产品和质量的目的。

纵观全球，新一代信息技术已经进军农业，推动了农业全链条数字化、网络化、智能化。中国农业迎来了数字技术深度融合的变革时代。农业试验站具有示范引领的作用，应该在农业数字化基础设施、大数据中心的建立、天空地一体化、创新创能等方面进行研究及实施；引入数字化农业建设的先进基础设施，开发关键技术；建立知识、人才等大数据中心，以便于服务科学研究及示范推广；建设农产品全产业链大数据中心，农产品产业体系、生产体系、管理体系进行数字化融合，应用人工智能云计算来快速获取处理分析农业信息。引进天、空、地一体化农业信息采集关键技术：天，即航天遥感观测，具有大范围、空间连续性特点，由空间、高光谱、微波、激光雷达等组成；空，即航空遥感观测，具有高精度、时间连续性特点，由光学、多光谱、热红外、激光等组成；地，即地面物联网观测，具有高频率、实时观测特点，由环境和作物传感器、视频、农户感知等组成。通过天空地一体化的信息采集技术与装备，实现感知，包括农田地块大数据（多维信息）：位置、形态和面积等物理信息、生态环境、种植类型、投入产出、农户主体属性等；诊断，包括时空动态监测、诊断、分析、预测；决策，即精准化种植和智能化管理。用新技术、新动能确保数字农业的发展，要感知新技术应用对政策制度的敏感性要求，加快与技术创新相关政策管理制度的跟踪、研究及制定，为数字化改造传统农业创造条件，要在软硬件方面不断创新、创能，加强试验站数字化农业的引领、示范、推广功能。

数字农业技术集成主要包括：一是大田种植数字农业建设

试点。重点集成推广大田物联网测控、遥感监测、智能化精准作业、基于北斗系统的农机物联网等技术。二是畜禽养殖数字农业建设试点。重点集成推广养殖环境监控、畜禽体征监测、精准饲喂、智能挤奶捡蛋、废弃物自动处理、网络联合选育等技术。三是水产养殖数字农业建设试点。重点集成推广应用水体环境实时监控、饵料自动精准投喂、水产类病害监测预警、循环水装备控制、网箱升降控制等技术。四是园艺作物数字农业建设试点。重点集成推广果菜茶花种植环境监测和智能控制、智能催芽育苗、水肥一体化智能灌溉、果蔬产品智能分级分选等技术。

数字农业技术体系架构如图 3-6 所示。

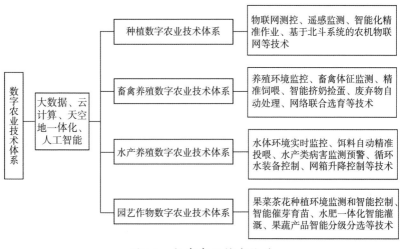

图3-6　数字农业技术体系

6. 构筑生态农业技术体系

无论种植区域还是养殖区域，均坚持清洁生产的思路。在种植区域，展开生物防治、天敌防治等病虫害绿色防治研究，尽可能减少化学农药的使用，保障产品绿色安全。另外，结合植物特性，创新生产技术，吸收国内外水培蔬菜生产先进经验，采用"无土栽培技术+自动化智能管控"种植模式，实现"温湿光养可调控、化肥农药零施用、无毒防控病虫害、优质高产低能耗"。在养殖区域，做好粪污水的清洁化处理，通过沼气等措施实现循环产业链的构建，进而实现清洁生产。同时，还应做好绿色清洁生产技术的服务推广工作，助力当地并辐射带动其他区域实现清洁生产。

高效生态农业技术体系的架构，从产业链构成角度分析，可分为产前、产中、产后3个环节，有相应的产前技术系列、产中技术系列、产后技术系列，它们各自有相应的技术系列，如图3-7所示。

7. 建立和完善休闲农业技术体系

随着科技化时代的到来，农业也将致力于实现科技化、现代化。要实现农业现代化，必然要走一二三产业融合发展之路，这就需要合理布局相关区域的休闲农业产业布局。对于试验站，可通过设置休闲观光、农事体验采摘、定制农业（认养蔬菜、果树、猪等）、休闲娱乐（喝茶、聊天室、农产品销售等）、创意农业、工艺品制作等产业带，并就相关知识进行科普教育，吸引流量，进一步完善休闲观光体验，实现试验站产业园价值的最大化。具体而言，休闲农业技术体系的完善需要做好特色品种的引进、栽培方式的优化、生产方式的改善、艺术造型的设计、信息技术的与时俱进、环境容量的分析等工作。休闲农业技术体系内容架构如图3-8所示。

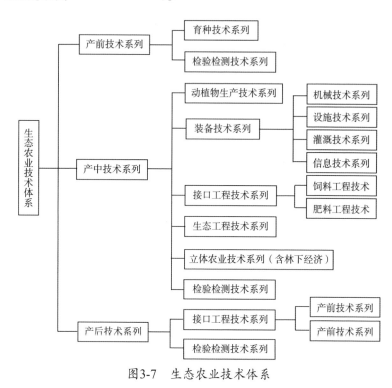

图3-7 生态农业技术体系

图3-8 休闲农业技术体系

8. 建立和完善农产品加工及物流配送产业技术体系

农业试验站在进行农畜产品生产的同时，还应推出与新品种等相配套的先进农产品加工、贮藏、保鲜技术；实行产业化经营，发展科技产业，使种养殖生产、加工、贮藏、运输、销售衔接，延长产业链。农产品贮藏加工是使农产品再增值的重要环节，其产业化是以高新技术和成熟实用技术成果为依托；坚持高标准组装配套产业化体系，建立科、农、工、贸一体化运行机制。要实现农产品贮藏加工产业化，需要加强试验站生产和管理水平，并完善贮藏加工设备的设置；形成产地工厂化贮藏加工，才能实现成果的产业化；还应建立信息流通体系，保证贮藏加工技术成果的转让率。另外，加强贮藏加工设备研发，培养建设精干的科技开发两用型人才队伍，并建立必要的支撑体系，采取多种激励政策，投入必要的资金、人力、物力，实现产业化，延长农业生产链。具体而言，农产品贮藏加工及物流配送产业技术体系包括冷链系统技术、超高压技术、肉制品加工、副产品综合利用、快速检测技术等。其架构内容如图 3-9 所示。

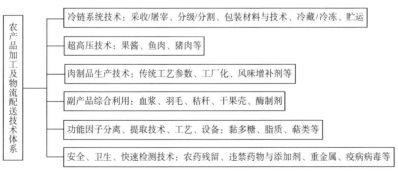

图3-9　农产品加工及物流配送技术体系

9. 建立和完善籽种农业技术体系

总体来看，要建立和完善种业体系，需要试验站加强组织领导，统筹运作，实现良种产业和种植业产业的同步；还应引导适应市场，明确目标，实施良种科研创新工程；有效组织，合理布局，建设专业化、规模化的良种繁育基地；科学示范，健全体系，构建品种示范的服务平台；狠抓质量，力创品牌，提升种业的市场竞争力；依靠科技，创新机制，努力推进种业发展。

国内外实践经验证明，在产业建设的发展中，选育和推广优质的新品种，加快种子育、繁、销一体化建设，推进种苗产业化建设，是促进产业发展的决定因素。试验站，在制定相关政策及产业发展中，要把育种、良种繁育、农产品生产、市场销售、出口加工、消费者食用等环节有机地结合起来，形成一个完整的产业生产及应用体系，实施从种子到餐桌的全程控制，使良种产业体系的建设全面纳入产业体系的建设中，实现两大产业的相互支持，全面发展。

籽种产业技术体系按产业链划分，由产前、产中、产后 3 个环节构成。产前包括种质资源保护与创新、新品种选育；产中包括新品种的繁殖与商品化生产，包括细胞、组织、种子、种苗等相关技术；产后包括商品种的贮运、种子处理、检测，以及新品种的配套栽培 / 饲养技术。不同环节有各自的技术要求，但有时也相互交叉。籽种产业技术体系内容如图 3-10 所示。

总之，农业试验站要做好产业布局规划，针对每一个产业建立一个研究室，并设立研究室主任岗位和若干个科学家岗位。落实规章制度，确保机构稳定；明确区域产业基本职能，规范化建设设施设备；创办科技示范基地，探索试验站发展新途径，更好地发挥试验站的职能。

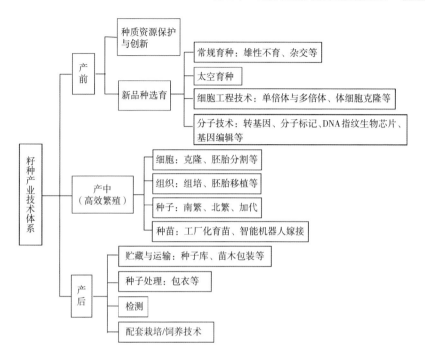

图3-10　籽种产业技术体系

（四）项目选择

1. 当地农业的技术需求

农业试验站项目选择要坚持以需求为导向的原则。

首先要根据考虑地域农产品的消费需求、市场需求与生态养育需求。农业试验站的区域针对性很强，无论是新技术还是新设备的推广应用都是以市场为导向，以提高经济效益为中心，当地的消费需求与市场需求决定了项目是否与当地市场环境相匹配，经济可行性如何。同时，项目的选择不能只重视经济效益，还要兼顾生态友好。

农户是农业技术推广使用的主体，在市场经济时代，农户是理性的经济人，追求利益最大化，农户会对不同的农业技术进行比较分析，在权衡利弊的基础上确定自己要采用的技术。当地的农产品消费需求、市场需求与生态养育需求，加之农产品的行为选择，共同决定了当地的农业技术需求。试验站需要据此进行项目选择。

2. 项目选择的原则

农业科技项目通常具有周期长、协作面广、投入大、影响广泛等特点，因而在选择上要遵循前瞻性、先进性、可持续性、适用性、可操作性、经济可行性和融合性的原则，尽可能实现区域性农业技术创新、试验示范、辐射带动等功能。

前瞻性：指科研和技术创新必须走在产业发展前面，其要求技术创新和试验示范要有一定的超前性和预见性。试验站项目要在未来 5~10 年甚至更长时间里保持指导性而不过时，就需要具有前瞻性。

先进性：要实现农业的增产增收，离不开新优品种、新技术与设备的大量推广和使用，农业试验站作为现代农业产业技术体系的重要一环，在项目选择上，一定要根据当地产业需求和市场需求，注重相关品种、试验、技术在一定程度上的新颖性和先进性。

可持续性：技术是把"双刃剑"，它既能推动产业发展和社会进步，同时也存在着破坏环境、资源的风险。农业的发展应该是建立在绿色、可持续的原则上，追求经济效益的同时要注重环境友好、生态效益，实现可持续性发展；同时要针对面源污染、食品安全，以及废弃物的收集、处理与利用等方面进行针对性研究。

适用性：项目不应盲目追求技术的尖端性，要根据当地自然、经济、社会发展水平，尤其是根据劳动力素质来确定新技术应用的前提条件。根据当地主导产业及市场需求，选择能与其发展程度相匹配的、能够解决农户实际生产需求的项目。

可操作性：项目选择前应对当地生产环境、消费市场、参与人员进行系统性的调研与评价，进行项目的实施难度及综合效益的评估，确保项目的实际可操作性。

经济可行性：经济效益的提升是农业提质增效的关键考核指标之一，需要评估项目的投入产出比，结合区域农业发展进行综合考量，确定其经济可行性。

融合性：农业生产是一个综合性的生产过程。农业产业链的上、下游环节之间，农业内部多产业之间，产业与生态环境之间，以及农业与二三产业之间，都有不同程度的联系；因此，项目选择需要考虑经济、环境、技术、设施设备、生产者技术水平等多种因素，更应该注重其与其他技术及各影响因素的兼容性。

（五）基地的布局与建设

农业试验站基地的布局与建设是综合的系统工程，内部诸多要素要按比例结合，有序运转，并与外部有关因素之间协调配合，这是确保试验站稳定、有效发挥功能的必要条件。

试验站的基地各有特色，其布局要把便于为地区农业生产输送科技成果作为前提，土地的空间布局和生产要素配置要因地制宜。根据试验站当地的农业资源优势及市场导向，确定试验站基地的具体试验示范的产业方向，划分相应片区，明确各片区的优势与特点。根据重要层级确定具体规模及资金投入。最终实现各片区协调互动、优势互补、相互促进、共同发展的格局。

试验站基地的建设要考虑到各类项目、科研工作、试验示范、多元化经营的实际需要，进行相关软硬件设施建设。试验站的硬件基础设施建设是试验站开展研究、成果试验示范的基础，通常包括农业科研试验示范与展示区（主要承担农作物育种与栽培、新品种新技术的试验示范、土壤改良等试验示范项目）建设，包括现代农业设施建设（如大棚、日光温室等）及相关配套设备建设（如水肥一体化设备、信息化平台等）。

（六）田间试验与示范

田间试验与示范是试验站成果形成的关键环节之一，按照成果形成顺序分为 3 类：小区试验、中试与生产性试验。田间试验要坚持以下几个基本要求。一是田间试验要有代表性。试验的环境和条件要和未来应用地区的自然环境、生产条件和经济状况相匹配。由于试验研究的成果具有前瞻性，因而也可以在高于一般生产条件的水平下进行试验，使新成果新技术在未来被广泛采用。二是田间试验要保证正确性。正确性是指试验结果可靠，试验结果越可靠，越能反映实际情况，也能起到指导生产和促进生产的作用。当然，在一般情况下田间试验和实际生产所获得的数据会存在一定差距，这些误差由于客观条件而不可避免，但是要在试验时尽量减少误差，保证结果的正确性。

（七）技术评估、组装与集成

试验站的新技术、新成果在推出之前，要根据田间试验结果，进行科学的评估、组装、集成和配套。

1. 评估指标体系

试验站技术评估体系需遵循科学性、地域性、实用性和可操作性的原则，尽可能简明，抓住要点，基本反映全貌。

技术评估指标体系由 3 个层次构成。一级指标 6 个，分别为经济性、适用性、生态性、复杂性、协调性和安全性。其中，生态性指标下设二级指标，在二级指标下又设了三级指标，具体内容见图 3-11。

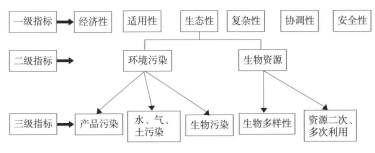

图3-11　农业试验站技术评估体系的构成

其中，经济性强调经济效益，其实衡量技术生命力的重要尺度，不同类型的技术，其经济效益的表现方式不同，故评估时选用不同的标准，例如栽培等管理类技术采用经济产投比衡量，工程类技术采用投资回收率衡量，机械、信息类技术用采用效率衡量。

适用性主要是指给定技术应用时可适用的地理空间范围。

生态性是农业可持续发展的重要衡量指标，农业技术的实施，在推动农业进步的同时会对环境与资源带来负面影响，因而二级指标要从环境污染和对生物资源带来的影响两个方面衡量。环境污染主要包括产品污染，水体（地上水、地下水）大气、、土壤污染，生物污染（主要是外来物种的入侵，以及基因污染）；生物资源的影响主要包括对生物多样性的影响和生物资

源的二次利用或多次利用。

复杂性主要针对技术推广时生产者掌握难易程度，即实际的可操作性。

协调性是指给定技术同其上下游技术的配套和谐程度。

安全性评估主要注重该技术的实施是否会对操作者及相关人员的健康带来威胁。

评估过程中，要注重评估指标的量化及相关指标的等级划分，并采用指数计算得到较权威的评估结果。

2. 技术体系整体设计的目标与构建原则

设计农业试验站技术体系的总体目标，需要根据试验站的目标、功能和定位，对试验站技术体系进行整体设计，一般综合类农业试验站的技术体系按照技术领域划分，包括动植物育种技术系列、动植物生产技术系列、装备技术系列、接口工程技术系列、检测监测技术系列和生态工程技术系列。它的组成单元应该做到彼此紧密联系、相互协调，空间上全程、有序，时间上动态、柔性，形成立体的网状结构，技术体系在整体上具有先进性、科学性、可操作性、生态与经济融合和应变能力。

农业试验站技术体系在设计与构建过程中，应该遵循以下原则。

全程性：按照产前、产中、产后的全程产业链条，进行整体构建。

实用性：在构建和组装农业试验站技术体系时，需要将传统技术、适用技术、常规技术和先进技术进行结合，保证技术体系的实用性。

综合性：组装技术时，不要盲目追求入选技术的新、高，必须经生产实践检验是成熟或者较为成熟的技术，强调综合性最佳。

动态性：技术体系在设计组装时，对应产业链中的每个环节应该有对应的若干项技术，随着市场及应用环境的变化而变化，具有较高动态性和较强的应变能力。

3. 组装的方法与步骤

第一步：确定技术需求。

农业技术十分丰富，针对区域农业而言，需要根据本地的农业重点产业，分析全产业链各环节工序及工艺，确定出有针对性的技术需求。

第二步：从现有技术中，筛选所需的多项技术。

从现有技术库中收集本地重点产业所需的技术，运用农业试验站技术评估体系，对各项技术进行评估，从中筛选出符合要求的多项技术。

第三步：组装产业技术系列。

对各个重点产业，按照其结构和工艺流程，将筛选出的技术组装成产业技术系列。

第四步：提出本地试验站技术体系的初步方案。

将组装成的产业技术系列，运用接口工程技术加以综合集成，提出本地试验站技术体系的初步方案。

第五步：确定本地试验站技术体系。

根据本地社会、经济发展水平及发展趋势，对技术体系初步方案的综合效益进行测算或者量化评估，反复改进，从而得出最满意的方案。具体步骤如图 3-12 所示。

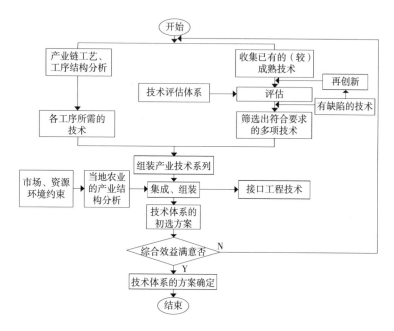

图3-12　农业试验站技术体系的组装方法和步骤

（八）农业技术服务体系

农业试验站应以科技创新、科研展示、技术推广为主题，通过农业新品种、新技术展示与推广、培训观摩、会议会展、检测、咨询、技术孵化等方式，辐射带动试验基地周边广大农民技术水平的提升，实现农业增效和农民增收，形成相应的技术服务体系，实现新品种、新技术的快速落地，同时对当地农业生产存在的问题实现快速的相应反馈机制。

示范推广：综合试验站作为推广层级，在配合好专家技术试验示范工作开展的前提下，利用自有资源和渠道，通过现场观摩、现场指导、田间学校等方式，为农户提供适用技术。编制产业相关技术手册，帮助推广人员和农户对品种、技术以操作方案的选择和应用。农技推广中，不仅仅对产中环节进行技术指导，更应该注重向产前、产后纵深拓展。

培训与交流：综合试验站根据需要，联系所辖田间学校工作站收集相关数据信息，或联系试验场地，安排参与人员组织开展培训。组织专家到"田间地头"开展大型培训；为了开阔农民眼界，接收更多的新信息，由综合试验站牵头带领农户外出观摩，学习新品种、新技术、典型示范园区的做法等，根据实际交通、经费和被观摩方等因素选择观摩地点。建立一套完善的培训体系，并配备相应的培训教材。使每次培训均能够有计划、有调理地进行，并建立相应的考核体系，使培训学员课前能够认真预习，讲课时能够认真听讲，课后能够及时巩固所学知识，从而使每次培训都能圆满完成，取得预期效果。

检测化验：试验站一般都配备设备齐全的试验室，除进行相关科研项目开展外，可为当地农户生产提供一定的技术支持，如测土配方服务，病虫害诊断，品种检测、土壤与水质监测化验、产品安全性检测等。

咨询服务：当农户通过电话、视频咨询生产过程中遇到的问题和困难时，试验站的专家及相关技术人员成员应耐心倾听，认真解答。试验站技术服务的有效供给是其资源整合的一个体现。

科普：农业试验站除了是技术成果示范、推广的重要机构外，也具有一定的科普作用，可以为中小学生和社会公众提供科普讲座、农事体验等活动，提升大众对现代农业和农业先进技术设备的认知水平。

孵化：对于有企业孵化功能的试验站，应当充分发挥科技、人才等资源优势，加快孵化培育农业科技型企业，通过孵化培育中心、综合服务中心、信息共享平台，为入驻企业提供创新创业场地、孵化服务和共建共享的社交网络平台，推动农业科技成果快速转化。

（九）试验站评价（考核）指标体系

试验站建成后，应定期进行考核。一是为试验站的自身建设服务，找出成绩，予以继承和发扬；同时，发现问题和短板，采取相应对策予以纠正和克服。二是在试验站之间进行比较，从宏观层面制定相应的政策，奖优扶弱，树立标杆、典型，抑或合并、淘汰等。二者在试验站的可持续健康发展中缺一不可。

为此，需编制农业试验站评估（考核）指标体系。对于试验站的考核主要通过社会效益和自身建设两个方面进行衡量。

社会效益衡量指标：新技术、新设备、新成果推广应用面积，对当地主导产业的增产幅度，对当地农业提质降本增效、农民收入增加幅度，培训人次，咨询人次，检测样本数，化肥农药减量情况，高标准农田增量，新业态岗位增加数等。

自身建设评价指标：获推广奖项次，专利申请、批准个数，成果转化个数及收入，国家省部级研发课题立项数，国家、省市级推广项目立项数，省市级以上刊物发表论文数，中央、省级媒体报道次数，科技人员在站工作总日数，安全责任事故发生次数，人均绿化美化保有面积，人均体育健身器材拥有量等。

本篇小结

随着农业试验站对农业科技成果转化的贡献率不断提高，如何进一步完善农业试验站建设，尤其是如何提高其管理服务水平，越来越成为大家关注的问题。我们需要在学习国外先进经验的基础上，根据国家农业科研发展情况的需求和国家对农业发展的总体要求，对农业试验站的规划布局、功能定位、运行机制等统一组织协调，制定相应的中长期建设与发展规划，避免资源浪费。农业试验站是农业科研机构重大科研成果研发、高素质人才队伍建设、农业科技成果转化应用的重要平台，在总结现有试验站建设、运营、管理经验的基础上，对农业试验站的概念、定位要有清晰准确的认识。同时，需加强管理，积极探索新的运营管理机制，使农业试验站更好地为农业科研成果应用转化、促进农业生产力提升服务。

实践篇

近年来，北京市农林科学院把"三个服务"（服务农民、服务乡村和服务政府）作为全院科技推广工作的出发点，依托国家乡村振兴发展战略，围绕京津冀协同发展，"三区一市""两田一园"及科技创新中心建设等要求，积极整合资源、汇集力量，以服务北京农业高质量发展为引领，以科技示范推广项目和成果转化项目为纽带，探索了以"农业综合试验站、专家工作站、科技小院、示范基地"为核心的四级科技推广体系，以加快对"三农"工作的科技支撑，助力北京乡村振兴。

其中，农业综合试验站在科技推广工作中起到了举足轻重的作用。北京市农林科学院采用与地方政府（区、镇等）合作共建的形式，先后在通州区、房山区、大兴区建立了农业科技综合服务试验站，将专家资源、科技资源向郊区转移，对区域内农技推广服务、转化应用新品种与新技术，带动区域产业发展具有重要意义。试验站坚持公益性定位，采取站长负责制，组建了由管理人员、驻站专家、技术人员和工作人员共同组成的试验站人员队伍，围绕解决本区域（区、镇或企业等）特色产业发展，有针对性地开展试验中试、集成展示、示范推广、人才培训、公共服务等科技服务，辐射提升了周边农业新型生产经营主体科技能力和生产水平，有效推动了区域性农业产业发展。

通州试验站针对区域特色蔬菜、樱桃和玉米产业发展存在的问题，通过国产新品种的推广，大大降低了农民对籽种的投入，平均每亩比国外品种降低70%的籽种成本；通过蔬菜品种的更新换代与技术改进，实现单产增产10%，辐射带动菜农平均亩效益提高 200 元以上，实现经济效益达 1100 万元；通过玉米新品种、新技术的示范推广，实现经济效益 4222 万元；通过低产樱桃园改造，示范基地亩均产量提高 10% 以上，优质率提高 10%，效益提高 15% 以上，带动樱桃产业实现经济效益增长 1080 万元。

房山试验站落实北京市"十三五"时期都市现代农业发展规划，对房山区"山地生态服务农业区"展开总体布局，以高品质农产品生产为核心，围绕房山区农业轻简化栽培、生态循环农业发展、新型职业农民培训及京西南区域农业农村示范功能提升，积极开展水肥一体化装备系统与自动管控技术、大型园区水肥集中智慧管控系统、尾菜废弃物资源化处理利用装备与技术、设施果类蔬菜轻简栽培技术等示范工作，引进了番茄、西甜瓜、观赏甘蓝、食用菌、赏食两用百合及观赏草等优新品种，开展了林下百合和林下食用菌栽培模式的示范工作。推广示范的新产品、新技术共 12 项，新优品种 26 个，帮助节约人力提高生产管理效率，降低了水、肥、药投入，提高了资源利用效率；单栋温室水肥一体化装备与技术应用下果类蔬菜实现增收 1000 元 / 亩，节约水肥管理用工 50% 以上，百合栽培户均增收 1.5 万元 / 户，榆黄菇、鸡腿菇等食用菌新优品种种植实现增收 10% 以上，以蘑菇鲜品和加工产品为特色的"蘑菇宴"农家乐户均增收万元以上。

大兴长子营试验站主要围绕区域航食产业发展、新农村建设等任务目标，针对本地区蔬菜产业种植特点以及裕农公司鲜切蔬菜加工要求，开展以结球生菜、鲜食玉米、水果黄瓜、白菜、萝卜、胡萝卜等为重点的蔬菜新品种筛选示范工作，引入并展示各类新品种，对适宜工厂化加工的结球生菜品种进行提纯选育，为蔬菜品种升级起到支撑作用；开展蔬菜轻简化栽培模式完善与标准化工作，以设施生菜为主，通过改变畦式、机械化做畦、高畦节水灌溉、光温管理、分畦收获、免耕接茬等综合技术环节，达到设施土地利用率提高 7% ~ 8%，机械化率提高 60% 以上，节水、节肥 30% 以上，产量与品质显著提高的效果；针对长子营镇航食原材料安全生产与裕农公司鲜切蔬菜生产的技术需求，开展包括蔬菜新品种引进与筛选、土壤生态改良、节水灌溉、高效液体肥料、生物与物理防治、质量控制、溯源监控、采后加工等系列航食蔬菜全程安全生产试验示范，获取大量基础数据，为航食蔬菜优质高效安全生产提供技术储备与支撑。

其中，长子营试验站是在北京市农林科学院、大兴区长子营镇政府、首农旗下裕农优质农产品种植公司共同支持与管理下成立的，是典型的"院、镇、企"三方合作的农业科技综合试验站。通过多年积极探索试验站企业化运营与事企有机结合的管理机制，逐步形成了一套试验站建设标准和管理规范；积极构建了"面向社会办站、社会参与办站"的开放氛围；采取对外开放科技咨询、参观学习、科普培训、检测服务等方式，推动了试验站面向广大社会公众开放；采取适度有偿原则，构建试验站科技成果对外展示、示范、应用的转化链条。这种以农业科研院所为依托、以地方主导产业开发和市场需求为导向、以首席专家领衔的多学科专家团队实施产业对接、以基层农技力量为骨干、以试验站为载体、社会力量广泛参与的农业科技推广新模式，对于构建现代农业创新推广体系具有重要的意义。本篇就以长子营试验站为例，深入介绍农业科研院所农业科技综合服务试验站建设、管理与运营情况，以期为大家带来参考。

第四章

建设背景及功能定位

一、建设背景

（一）服务区域农业发展、拓展农业功能的需要

大兴区是北京蔬菜、西瓜主产地，果树发展也极富特色，其对技术需求有明显的区域特性。根据大兴区"十二五"发展规划，全区"十二五"时期重点建设环境农业、高效农业、特色农业等"三种农业"，实施"一退（畜禽养殖业逐步退出）""一稳（稳定菜篮子生产）""一增（增加经济林）""一促（促进观光休闲农业发展）"的"四个一"措施，发展"五大产业"（蔬菜、西瓜、果品、甘薯、花卉）。

长子营镇是大兴区蔬菜生产及展示示范区，该镇依托当地资源优势，以果蔬生产为主导产业，培育设施蔬菜、特种养殖业等多种产业。通过与科研院所合作，建设留民营有机农业示范区、北蒲州现代农业集成示范园、民安路绿化及万亩观光果园、泰丰肉鸽养殖基地等系列基地，形成了有机蔬菜、宫廷黄鸡等品牌，占有了一定的市场份额。然而，其农业产业现状与现代农业发展目标仍有较大差距，如农业的自然资源和产业资源

优势发挥不好，缺乏整合；农业产业的质量和规模提升慢，市场化程度低；农业产业结构不合理，一产规模大，二产弱，以本地资源优势为主导的观光型、体验型农业优势很微弱；缺少特色品牌、产品，农产品市场化程度低等，这些问题亟须在技术、管理等方面对当地农业产业进行支撑和引导。通过建立试验站，加强合作，有助于更好地推动区域农业的系统发展，拓展并提升农业的科技展示、休闲观光等功能，增加农业附加值，推动农业环境向生态友好方向发展。

（二）对接区镇农业科技服务队伍、促进服务机制创新的需要

现阶段，农技推广服务体系呈现出两个显著变化。一是服务主体的变化。中国农业逐渐从小农经济向市场经济、从家庭联产承包向规模经济转变。就农业经营主体来说，除了分散的家庭主体，还涌现出种粮大户、农民合作组织、农业龙头企业和涉农高新技术企业等其他主体。这些经营主体具有服务的双重性，既是服务的对象，也可能是服务的主体。二是服务内容的变化。现在的农业科技服务不仅是对农业生产和经营的服务，更重要的是对农业产业的服务，包括企业孵化、科技金融、职业培训等高端服务。服务主体和内容发生变化，服务方式和模式也必然顺势而变。大兴区的区、镇农技推广站是农业技术推广的主力军，而北京市农林科学院拥有种养殖业、生态循环及观光农业等方面技术积累和专家团队，以往工作中，双方虽有一定接触，但未形成高效的合作机制，各自在其所属领域埋头开展技术示范或科研工作。通过区域农业科技综合服务试验站的建设，将汇集北京市农林科学院最新适用科技成果，通过长子营镇共建培训平台，探索新型共同工作机制，对接镇区农业科技人员和村级全科农

技员、科技示范户，以泰丰肉鸽养殖基地等为核心，试验示范并推广系列新品种、新技术，促进当地主导产业的发展。

（三）整合资源、提升北京市农林科学院综合服务能力的需要

大兴区长子营镇是京南农业大镇，种养殖业发达，各方面基础设施较为完备，北京市农林科学院在该镇已有一定工作基础，院内专家依据各自专业特点服务于该镇各个基地，但存在"事多、人散、面广、重点不突出"等问题。在京郊面临都市型现代农业快速发展的新形势下，如何深入贯彻落实中央一号文件、北京市相关文件精神，北京市农林科学院还需要高起点谋划科技服务工作，加快成果转化与应用，需要从不同层面为当地农业发展提供科技保障。而要发挥最佳效益，则应以区域为平台，根据需求导向，创新机制，最大限度地整合相关力量。

图4-1至图4-3为北京市农委、北京市农林科学院在大兴区长子营镇考察与合作情况。

图4-1　北京市农委领导视察试验站基地

图4-2　北京市农林科学院与大兴区长子营镇签订院镇合作协议

图4-3　北京市农林科学院领导带队进行实地考察

　　通过本服务试验站的建设，将进行有益的机制探索，抓住该区域主导农业产业，抓住核心科技需求，促进全院资源整合，建立专业服务团队，对接村级全科农技员，负责带动区域内农技推广服务，转化应用新品种、新产品、新技术，提升北京市农林科学院综合服务能力。

二、建设需求

为了使长子营试验站的功能定位、建设方向和发展重点更有针对性，北京市农林科学院组建了专家团队和工作团队，开展实地调研，对长子营镇进行全面实地走访，了解长子营的实际情况和迫切需求。

大兴区长子营镇位于北京市东南，农业生产条件好，全镇耕地44639亩，其中蔬菜占地14302亩，果树占地7703亩，已成为当地主导产业，建设形成了一些有特色的种养殖基地（图4-4）。如以生态循环农业闻名的留民营生态农场，以生菜、菜花等蔬菜种植闻名的民安路北部蔬菜产业带，以梨树、樱桃等

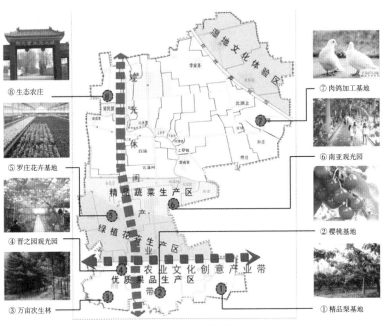

图4-4 产业布局图

79

果树种植闻名的南部果蔬产业带，以肉鸽养殖知名的泰丰养殖基地，农业产业特色较为突出，农产品已占据较大市场份额，5000 亩生菜基地产品直供超市，占地 100 亩的肉鸽养殖基地产品供不应求，已成为区镇重点发展特色产品。此外，当地区位优势日益突出，将进一步带动该区域农业产业快速发展，一是亦庄工业园区落户长子营北部；二是新机场建设毗邻该镇，对于果蔬产品形成了新的市场需求空间，发展与壮大以鲜切蔬菜生产与加工为核心的新产业迫在眉睫。

虽然长子营镇农业产业已有一定规模，但发展中仍面临一些问题。一是资源没有整合做强，未形成休闲观光特色；二是果树栽培用工量大、劳动效率低、比较效益差，影响农业产业的长远发展；三是全镇果、菜产量虽高达 13 万吨，但因为技术含量低，商品价值较低，影响农民收入；四是劳动力结构表现出劳动力"女性化"和"老龄化"的双重特点，再加上"种植的机械化水平不高，用工投入较大""生产设施条件落后，不适宜机械化进行操作"，成为制约产业发展的因素。

从全镇精品农业发展着眼，在以下几个方面存在迫切的需求：一是北部蔬菜产业带，需要引进蔬菜新品种、育苗新技术、简化栽培技术引进、高效生产试验示范等；二是果树基地，需要进行果树树形优化、以有机肥为核心的养分优化管理等技术；三是泰丰肉鸽基地，亟须提升集约化养殖水平，发展全价饲料喂养技术、强化并完善肉鸽疾病防控诊断免疫程序等；四是针对航空服务小镇定位，需要加强农业生态景观建设和注重航食材料的安全生产；五是各类基地都需要进一步加强品牌培育、信息服务工作。

三、功能定位

试验站围绕北京市都市型现代农业发展目标，依托大兴区长子营镇地方政府与北京市裕农优质农产品种植有限公司，整合北京市农林科学院的科技、人才、成果等资源优势，按照公益性为主、有偿服务为辅的原则，积极开展农业科研田间试验、展示名特优新科技成果、示范推广先进适用科学技术、辐射带动区域性农业产业发展，为长子营镇航食蔬菜产业需求及裕农种植公司生产技术需求提供科研服务与技术支撑。将北京市农林科学院长子营镇农业综合服务试验站建设成当地政府基层农技推广体系的重要力量（图4-5）。

图4-5 长子营试验站全体人员合影

试验站具备以下功能：

科学试验功能。调研区域产业发展需求及亟需解决的技术问题，系统开展农业基础性实验和新品种/技术/装备等新成果熟化应用性研究，通过原始研发，解决产业问题。

成果展示功能。试验站开展各类新品种、新技术、新装备的展示示范，形成北京市农林科学院成果对外可看、可感、可学的重要展示示范窗口。

示范推广功能。建立一系列科技成果试验示范和推广辐射基地，引导种植大户、合作社、企业等农业新型生产经营主体应用和转化，推动区域性农业转型升级。

人才培训功能。试验站通过多种途径，开展对基层农技推广人员、全科农技员和农业生产经营者的系统培训，提升基层农技推广人员科学素质，培养新型职业农民。

公共服务功能。开展农田环境监测检测、农产品质量安全检测、农业信息服务等其他公共服务，形成区域性农业科技公共服务综合平台。

第五章

建设目标与指导思想

一、建设目标

通过试验站建设，构建新型区域农技推广新模式（图5-1）。

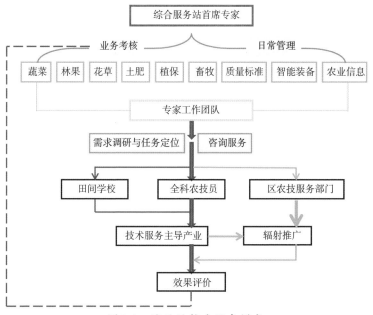

图5-1 试验站推广服务模式

形成与示范推广一批适宜当地农业发展的新成果、新技术、新装备；构建农业产品产前、产中、产后安全生产技术体系；建设不同特色的生态循环农业展示基地；通过技术服务，打造农科院专家工作团队，培养青年科技人才，培训农民，为有效促进当地农村科技进步、带动农业产业升级、推动农民收入增长做出实际贡献。

二、指导思想

院镇联合、齐抓共管——汇聚院镇双方资源，建立院镇联合的管理服务平台，上可集成国内外先进科研成果，下可连接农业经营者切实科技需求，统筹谋划、强化协商、齐抓共管、注重实效，提高试验站的系统性和落地性。

需求为本、集成服务——以区域性农业科技需求为主，突出重点工作领域和重点产业，以北京市农林科学院全院科技服务资源为主体，打破所（中心）、专业领域界限，以产业为链条、以产品为主线，整合资源、部门联动、分工协作、合力推进。

以点带面、服务产业——立足长子营镇，围绕当前最迫切需要解决的科技问题进行集中科技攻关，选取具有一定示范带动效益的示范点，采取重点开展科技服务、充分发挥科技服务的"涓流效应"，进一步带动长子营镇以及周边乡镇、区县的产业提升。

开放办站、汇聚资源——本着开放办站的原则，试验站相关区域和设施均面向国家级、市级、区级各类农业教学科研推广单位以及广大社会公众开放，构建起各级资源的汇聚平台，打造北京市农林科学院长子营镇农业综合服务试验站品牌。

图 5-2、图 5-3 为北京市农林科学院领导到试验站考察调研。

图5-2　2019年10月，北京市农林科学院吴宝新书记到试验站考察调研

图5-3　2018年7月，北京市农林科学院李成贵院长到试验站考察调研

第六章

主要做法及取得成就

一、建立稳定的试验示范基地

通过对长子营镇开展实地调研及与相关人员进行座谈与协商讨论，明确将试验站选址在长子营镇罗庄三村基地（航食基地）和北蒲洲凤河营基地，并依据现有条件规划设计了专家办公区、专家食宿区、试验检测区、会议培训区、科研试验区、示范推广区共6个分区。

办公区：约100m²，配备电话、电脑、传真、打印机、复印机、网络等基本办公设施，用于驻站相关人员及流动专家开展科研试验、示范推广、咨询服务等相关工作。

专家食宿区：约200m²，配备盥洗、淋浴、住宿、饮食等基本食宿设施，为驻站人员及流动专家提供基本食宿保障。

试验检测区：约300m²，配备基本的实验仪器设备，初步具备完成接样、准备、制样、烘干、冷藏、样品保存、计量、病虫镜检、种子芽率检测、农产品质量安全检测等基本试验功能。

会议培训区：约100m²，配备基本的会议培训设施，具备召开会议、组织技术培训、开展远程教育、观看视频资料等相关功能。

科研试验区：以凤河源基地为核心，大约 16 栋日光温室、10 亩露地大田。重点用于以北京市农林科学院为主的新品种、新技术、新成果的研发、中试、展示等相关工作。

示范推广区：以周边合作社、企业、专业大户等新型经营主体为依托，每年选取 5 个以上。重点开展新品种、新技术、新成果的试验示范等相关工作。

试验站的规划既充分利用长子营镇现有的基础设施条件，又融合专家开展试验工作的现实要求，为试验站正常运转提供了基础保障。

二、探索创新的运营管理机制

试验站积极探索创新、高效的运营机制。采取院镇共管的模式，实行站长负责制，明确站长、副站长职责及工作要求；开展项目带动机制，鼓励各级专家以试验站为平台申请科研项目，形成科研成果优先推广；实施青年培养机制，鼓励青年人员驻站开展各项工作，在实践中发现解决问题，并为青年科技人员安排适当的合作导师、专家，以传帮带形式，促进其成长成才；建立专家农户"一对一"制度，每位专家至少对接 1 个基层农业生产单元，全面指导或参与生产管理全过程；建立定期培训指导制度，定期面向当地新型农业经营主体进行技术咨询与培训服务；实施多方联动推广服务，全面对接乡镇科技推广人员、村级全科农技员、农业科技示范户等，构建"试验站专家——技术人员（全科农技员）——生产经营主体"三级信息传导模式，利用"涓流效应"建立多方联动的推广服务体系。

（一）建立院镇共管的试验站运行管理平台

众多国内外经验表明，科研单位与地方政府建立密切合作关系是确保试验站成功的重要基础。以北京市农林科学院的科技、人才、成果资源为依托，以大兴区长子营政府的政策、土地、人力资源为保障，以区域性实际生产需求为导向，以科技创新为纽带，以成果转化应用为核心，搭建院镇齐抓共管的试验站运行管理平台，推动科研单位、推广部门和农业生产单位之间的有机结合，有助于全面实现"产学研用推互动发展"的功能定位。

建立试验站领导小组，领导小组由院镇双方领导共同组成。领导小组是试验站的最高决策机构，不定期组织召开领导小组协商会，统筹、决策、协调和监督试验站的运行管理工作。同时，依托北京市农林科学院科技推广处和长子营镇院镇发展办公室，联合成立试验站管理办公室，负责试验站的各项日常运行管理工作。其中，设试验站站长 1 名，由北京市农林科学院人员担任，试验站副站长 2 名，由北京市农林科学院和长子营镇相关人员担任（图 6-1）。

北京市农林科学院由科技推广处牵头，负责组织院属相关所、中心组建院级驻站专家服务团队（简称驻站专家团队），积极参与试验站的科研试验、成果展示、示范推广、人才培训等各项相关工作，签定工作责任书，建立目标考核机制，将试验站建设工作纳入各所、中心科技推广服务工作年终考核内容。

大兴区长子营镇依托院镇发展办公室，负责安排长期驻站工作人员，协调配合北京市农林科学院临时聘用当地技术工人，协

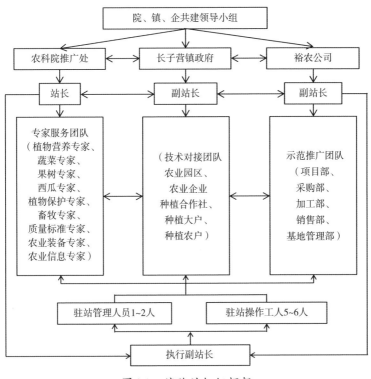

图6-1　试验站组织框架

调落试试验站开展试验示范和成果推广服务相关基地，组织镇级相关技术人员组建试验站技术对接团队。同时，建立考评机制，对长期驻站工作人员和镇级技术对接团队相关工作进行考核。

（二）建立试验站站长负责制的专家服务队伍

试验站能否正常运行，能否发挥应有作用，关键看专家。试验站将在充分借鉴国内外经验基础上，逐步建立一支学科交叉、组织有序、分工明确、管理规范的专家服务队伍，探索形成试验站站长负责制的专家队伍管理制度。

试验站专家队伍由试验站站长（含副站长）、固定驻站专家、流动驻站专家、镇级对接专家、长期驻站工作人员、临时聘用技术人员共同组成（图6-2）。

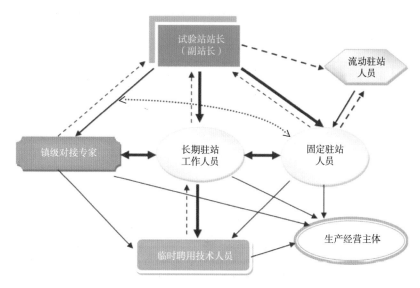

图6-2 试验站人员组织框架图

各方人员构成及相关职责如下：

试验站站长（含副站长）是试验站日常运行的管理负责人，由院镇双方人员共同组成，负责领导和组织专家服务队伍开展工作，聘期3年。试验站站长负责制订试验站年度工作计划和年度目标，组织专家服务队伍开展科技推广服务工作，协调解决试验站日常运行中出现的各项问题，监督各项年度工作目标的顺利实现。

固定驻站专家由北京市农林科学院专家组成，人数保持在10～15人，专业领域涵盖蔬菜、林果、畜牧、水产、土肥、植保、草业、生物技术、农产品质量安全、智能装备、培训等相关领域。固定驻站专家负责 1 个以上的科研试验基地和 1 个以上的示范推广基地，每年在试验站工作时间保证在 90 个工作日以上。固定驻站专家聘期 3 年，以北京市农林科学院、所（中心）、专家三方名义签订《试验站驻站专家责任书》，将试验站工作纳入各所（中心）对专家的科技推广服务工作年终考核内容，并由各所（中心）对专家的日常工作进行监督考核。对工作不力、成效不显著的固定驻站专家实施末位淘汰制。

流动驻站专家是按照开放办站原则，根据试验站日常工作需要，经试验站站长或固定驻站专家邀请，由北京市农林科学院及在京涉农科研、教学、推广机构相关专家组成，并由试验站颁发聘书。流动驻站专家负责配合固定驻站专家开展科研试验及示范推广相关工作，有权免费使用试验站办公区、食宿区、试验检测区、会议培训区、科研试验区、示范推广区的相关设施设备。流动驻站专家每年在试验站工作时间应保证在 15 个工作日以上。

镇级对接专家是为了确保试验站正常运行，由长子营镇镇政府下属相关农技推广部门技术人员组成，人数保持在 8～10 人，明确每个对接专家的责任与义务，与院固定驻站专家建立"一对一"的技术对接关系，配合固定驻站专家开展科研试验及示范推广服务工作，充分发挥其在专家与生产经营主体之间润滑剂和黏合剂的作用。镇级对接专家每年在试验站工作时间应保持在 30 个工作日以上。

长期驻站工作人员由长子营镇政府选派，全职负责试验站各项日常管理及后勤保障的相关工作人员，人数保持在 2～3 人。

临时聘用技术人员是出于试验站工作需要，由长子营镇政府推荐、北京市农林科学院临时聘用具有一定技术水平、工作

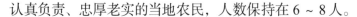

认真负责、忠厚老实的当地农民，人数保持在 6～8 人。

（三）建立"试验—示范—辐射"的三级推广运行机制

任何科技成果的转化推广，都需要经历实验室试验、大田展示示范和大面积辐射推广 3 个阶段。建立起试验站的"试验—示范—辐射"三级推广运行机制，将科学家的实验室建到了田间地头，把农民领进了科技大观园，大大缩短了农业科技成果研发与应用的"最后一公里"，使广大农户可看、可学、可用。具体来说，试验站的"试验—示范—辐射"三级推广运行机制体现为地理扩散上的"核心源—示范点—辐射区"模式和信息传导上的"试验站专家—乡镇级科技人员—生产经营主体"模式。

1."核心源—示范点—辐射区"地理扩散模式

以凤河源基地为"核心源"，构建各项科技成果的核心试验展示基地；以周边的农民专业合作社、种植大户和龙头企业等新型生产经营主体为"示范点"，建立若干科技成果集成示范应用点；以专业村、产业带为"辐射区"，建立一系列产业集中连片的推广辐射片区（图6-3）。

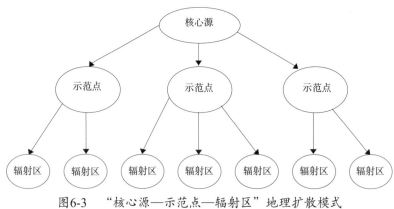

图6-3　"核心源—示范点—辐射区"地理扩散模式

2.“试验站专家—乡镇级科技人员—生产经营主体”信息传导模式

探索构建“试验站专家—乡镇级科技人员—生产经营主体”三级信息传导模式，充分发挥试验站科技知识传导的“涓流效应”。以固定驻站专家为主、流动驻站专家为辅，构建试验站专家服务团队，形成科技知识传导的“源头”。以乡镇级科技推广人员和全科农技员为核心，组成试验站镇级对接专家团队，与专家服务团队建立“一对一”的技术对接和帮扶关系，形成科技知识传导的“转换器”和“扩声器”，同时为当地积极培养一批带不走的“土专家”“菜把式”。以试验站开展试验示范的农民专业合作社、种植大户和龙头企业等生产经营主体为科技知识传导“先锋”，由专家服务团队和镇级对接专家团队协同开展科技推广服务，通过“涓流效应”逐步渗透、辐射带动其他受众，实现对区域性农业生产经营主体的科技能力全面提升（图6-4）。

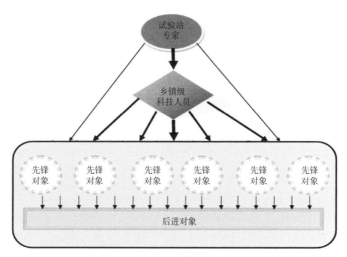

图6-4　“试验站专家—乡镇级科技人员—生产经营主体”信息传导模式

93

（四）建立面向社会开放的科技咨询服务机制

本着开放办站的原则，探索建立面向社会开放的科技咨询服务机制，建立试验站开放式管理制度。首先，试验站办公区域、食宿区、试验检测区、会议培训区、科研试验区和示范推广区等相关区域积极对在京涉农科研、教学、推广单位开放，鼓励相关专家流动驻站，为相关专家在试验站展示、示范及推广相关品种、技术、装备等科技成果提供便利条件；其次，试验站所有专家、检测设备和展示成果均对广大农民群众开放，在开放时间内随时欢迎广大农民前往参观学习、随时欢迎广大农民前往咨询问诊、随时欢迎广大农民带着样品前往检测化验；最后，试验站每年组织开展一系列的现场观摩及专家科普培训讲座活动，面向广大社会公众开放，努力构建"面向社会办站、社会参与办站"的开放氛围（图6-5）。

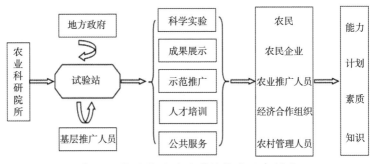

图6-5　长子营试验站科技推广服务模式

（五）建立试验站日常管理制度

为确保试验站的日常运行，探索建立科学、规范、有序的试验站日常管理制度，确保做到"组织结构上墙、人员管理上墙、规章制度上墙"的制度规范。

为了统筹管理、协调安排，配合专家试验示范工作的工展；合理轮作，提高土地使用率；培肥地力实现可持续利用；合理调配劳动力，提高劳动效率，做好试验服务保障工作，达到种植试验规范有序，制定了《试验站农场工作制度》，试验农场通过试验站办公室会议和分管试验农场站长进行领导并负责全面工作，试验站副站长做好分管工作，各区域组长负责具体工作；设定长子营镇、裕农公司、农林科学院副站长各1名，履行统一管理各试验站工作的职能；建立试验农场课题联席会议制度，协商安排各区域工作等制度。为了加强试验站技术安全和技术保密工作，确保安全文明从事研发工作，制定了《农业综合服务试验站实验室管理办法》，规定了严格的试验操作规程、危险品管理制度及防火、防盗管理制度等。为加强试验站管理，有效协调各部门工作，提高行政管理水平和工作效率，使试验站办公室管理工作有章可循、照章办事，制定了《试验站办公室管理制度》。制定了《试验站技术咨询服务制度及流程》，以规范技术咨询服务工作程序，增强技术咨询服务责任，规范咨询服务行为，积极稳妥地处理各类技术问题，提高科技服务效率。制定了《专家食宿管理制度》，以规范试验站专家宿舍、就餐管理，统一标准，为长期、流动驻站专供一个舒服、整洁的休息和就餐环境。

三、加强试验示范及成果转化

试验站针对当地生产的实际需求，有效开展了生产对接服务工作。通过进行高效栽培管理技术、肉鸽养殖与饲料优化防疫等技术的推广应用，引导种植大户、合作社、企业等农业新型生产经营主体应用和转化，推动区域性农业产业发展；为推进技术培训和科技对接工作，利用长子营镇河津营和东北台2个培训基地实施培训工作，建立了相关培训体系；进一步开展农田环境监测检测、农产品质量安全检测、农业信息服务及其他公共服务，形成区域性农业科技公共服务综合平台；定期动态监测河道污水、池塘水面污水治理与水体，按月完成水体质量动态监测、分析与评估，提出镇域河道污染及村级池塘水体污染的治理方案，推进"生态小镇"建设，全面落实先进技术与成果的转化落地。

（一）基础调研

1. 目的意义

环境资源在农业发展过程中发挥着生态功能与经济价值。农业环境保护是保护农业生态环境、维持农业持续发展必不可少的重要环节。环境作为一种有价值资源的存在形态，过度消耗或者不合理利用都会引起生态环境问题，进一步影响农业生产。对试验站所在地理位置的土壤、地表水的质量及污染情况进行基础调研，有助于试验站进行农业生产区域合理布局及开展有针对性、可持续性的农业试验示范。

2. 长子营镇自然与农业生产概况调研

地理位置。长子营镇位于北京市大兴区东部，北邻通州，南接河北。镇域地势优越、交通便利，北临六环路和京津塘高速出口1 km，背倚亦庄北京经济技术开发区，属大兴新城和新航城辐射区，亦庄新城南扩新区。民安路纵贯南北，庞采路、104国道横穿全境，四通八达。

地形地貌。长子营镇地处古运河洪冲积平原，地势自西向东缓倾，地面高程 10 ~ 30 m；镇区平均海拔 19 m。

气候资源。属暖温带半湿润大陆季风气候，气候适宜，雨水丰沛。年平均气温 11 ℃，平均降水量 600 mm。年平均日照为 2764 h，年 ≥ 0 ℃积温 4580 ℃。年平均无霜期为 181 天。全年风向以东北风和西南风为主，降水多集中在 6—8 月，雨热同期，能够满足多种作物生长所需。

水资源。旱河、凤河、凤港河、岔河 4 条河流贯穿全镇。坑塘散布，风景秀美的 3000 亩湿地，星罗棋布分布全镇，在北京南郊属少见，起到了集雨蓄洪、涵养地下水源、调节农田气候、降解城市污染的作用。独特的生态资源优势为生态镇建设创造了条件。

土壤资源。土壤类型以潮土为主，覆盖本镇大部分区域，适宜多种作物种植；褐潮土沿凤河呈条带状分布在镇中部地区，将潮土区域分隔成南北两盘；盐化潮土主要分布在镇北部的李家务、沁水营、朱脑、靳七营等村；风沙土面积很小，零星分布在李堡、赤鲁等村。土壤质地以轻壤质土壤面积最大，约占本镇土地面积的 63.99%，集中分布在罗庄和朱庄以北地区；其次为砂壤质土壤，约占本镇土地面积的 26.74%，主要分布在镇南部，另外，赵县营、孙庄、佟庄、潞城营等也有较大面积分布；砂质土壤主要分布在镇西南部的赤鲁，李堡、东北台、西北台等村也有分布，约占本镇土地面积的 7.26%；中壤质土壤面积最小，约占本镇土地面积的 2%，分布于旱河沿线。

生物资源。大田农作物以小麦、玉米为主，盛产梨、苹果、杏、李子等十几种水果。万亩原始次生林保持了原始的丘陵地貌，林中百年古树、参天大树，比比皆是，100 多种原林乔灌花木，郁郁葱葱。林中野生动物品种繁多，有山鸡、野兔等。

农业生产概况。全镇总面积 60 km²，土地利用以农业用地为主，约占土地总面积的 80.28%。辖 42 个行政村，总人口 2.9 万人，其中：农业人口 2.1 万人，农村劳动力 1.8 万人。截至 2013 年年底，全镇耕地面积 5.2 万亩。蔬菜产业种植基本稳定。全镇菜田面积 17700 亩，产值 1.24 亿元，占农业总产值的 67%，居各产业之首。全镇设施菜田面积达到 6969 亩，占菜田总面积的 40%，实现收入 0.92 亿元，为露地蔬菜收入的 6.13 倍。果品产业发展形势良好。全镇果树占地面积 7098 亩，形成了以梨、桃、鲜枣等为主的特色果品业。2013 年上半年，全镇果品业实现收入 1447 万元。粮食生产逐年减少。全镇粮食播种面积 2.7 万亩，粮食总产量 1.13 万吨，由于实施平原造林工程、土地流转增多、小麦播种面积减少，粮食种植面积、总产量与上年相比，都有不同程度的减少。

3. 长子营镇土壤养分状况调研

为摸清示范区长子营镇土地养分现状，进一步指导作物施肥与种植区划调整，试验站组织相关专家对长子营镇开展了为期一年的土壤资源调查工作，以全面掌握当前长子营镇土壤养分及土壤质量状况。调查中，共设 GPS 点位 62 个；采集土壤样品 98 个，采样点包括了镇域内所有的农业利用方式，有粮田、菜田、果园、林地及畜禽养殖场周边等；测定项目包括全氮、有机质、铵态氮、硝态氮、有效磷、速效钾、电导率、pH 值等指标。根据全国第二次土壤普查及有关标准，主要针对 pH 值、有机质、全氮、有效磷、速效钾的含量进行分级，可以全面掌握长子营镇的土壤养分状况。

土壤有机质含量。土壤有机质对土壤水、肥、气、热等肥力因素起着重要调节作用，对土壤结构、耕性也会产生重要影响；因此，土壤有机质含量的高低是评价土壤肥力的重要指标之一。长子营镇土壤有机质平均含量为 14.5 g/kg，属较低水平，97% 土壤有机质含量处于中低水平。从空间分布看，镇域中北部有机质含量要明显高于镇域南部地区，有机质含量较高的点位于下长子、河津营及白庙等蔬菜种植专业村。

土壤全氮含量。氮素是植物体内许多重要有机化合物的组成成分之一，在很多方面直接或间接地影响着植物的代谢过程和生长发育，土壤中的氮素是土壤肥力中最活跃的因素之一。长子营镇土壤全氮平均含量为 1.13 g/kg，属中等水平，81% 土壤全氮含量处于中低水平。

土壤有效磷含量。土壤磷素是作物正常生长发育所必不可少的营养元素之一，有效磷含量是评价土壤供磷能力高低的指标，是合理施用磷肥的重要依据。长子营镇土壤有效磷平均含量为 82.1 mg/kg，属高等水平，88% 土壤有效磷含量处于中高水平。

土壤速效钾含量。速效钾能直接被作物吸收利用，是反映土壤供钾水平的标志。长子营镇土壤速效钾平均含量为 129.1 mg/kg，属中等水平，65% 土壤速效钾含量处于中高水平。

土壤 pH 值。土壤 pH 值是土壤的基本性质之一，也是影响土壤肥力的重要因素之一，土壤 pH 直接影响土壤的存在形态、转化和有效性。如长子营镇土壤 pH 平均值为 8.16，属弱碱性土壤，97% 的土壤为碱性土壤。

同种植类型土壤养分状况。随着农业集约化程度的不断提高和农业种植结构的调整，由于不同作物的经济效益存在很大差别，生产者对不同种植体系下的养分投入也有很大差异，导致不同种植体系间土壤养分含量产生一定的变化。对长子营镇菜田、果园和粮田 3 种主要农业种植类型的土壤养分状况进行分析（表 6-1），除速效钾外，其他土壤养分的分布规律为菜田 > 粮田 > 果园，速效钾为菜田和果园含量相近，都高于粮田的速效钾含量。主要是由于蔬菜的养分需求量大，且经济效益较高，因此农户在蔬菜种植过程中投入的养分含量要高于果园和粮田，而果树对钾的需求量较大，可能是速效钾含量与菜田相近的原因。

表6-1　长子营镇不同种植类型土壤养分含量

不同种植类型土壤	有机质/（g/kg）	全氮/（g/kg）	有效磷/（mg/kg）	速效钾/（mg/kg）	pH值
菜田	17.5	1.3	122.1	134.4	8.0
果园	8.4	0.6	20.9	135.6	8.5
良田	15.0	1.0	22.6	94.9	8.3

综合分析土壤养分数据，土壤养分分布规律与镇域内南果北菜的种植模式相符，蔬菜种植的养分需求量要高于果树的养分需求，因此以种植蔬菜为主的北部区域的全氮、有机质、有效磷含量要高于以果树栽培为主的南部地区，而肥料的投入可导致土壤酸化，故高肥料投入的北部地区的土壤 pH 值要小于南部地区。

4. 长子营镇农田土壤质量调研与评估

试验站采集了北京市大兴区长子营镇镇域近 40 个村落的大田、菜地、果园及设施基地内的土壤样本 137 份，对土壤样本中砷（As）、汞（Hg）、铅（Pb）、镉（Cd）、铬（Cr）、铜（Cu）、镍（Ni）、锌（Zn）共 8 种重金属进行了测定。根据 GB 15618—1995 和 HJ/T 166—2004 等土壤环境质量标准，共分 5 级进行评价，分别为 I 级（清洁、安全）、II 级（尚清洁、较安全）、III 级（土壤污染物超过背景值，轻微污染、轻污染）、IV 级（中等污染水平、中度污染）、V 级（污染相当严重、重度污染）。

对长子营镇镇域土壤中重金属分布特征和污染风险分析评价结果表明，所抽取的长子营镇农田土壤样本中，8 种重金属的平均检出含量均低于一级标准，重金属污染风险总体上处在较低水平。利用二级标准和单因子污染指数法的污染风险评价结果表明（图 6-6），As、Hg、Pb、Cd 和 Ni 共 5 种重金属的单因子污染水平均在 I 级清洁水平，没有构成污染。Cu、Cd 和 Zn 在两个样本中的含量接近二级值，处在 II 级尚清洁水平；空间差值法研究结果表明，镇中西和镇北地区重金属含量总体上高于其他地区。内梅罗综合污染指数计算结果表明，处在 I 级清洁水平和 II 级尚清洁水平的样本分别占 94.2% 和 3.6%，未发现达到中度污染和重度污染水平的样本。

5. 长子营镇地表水环境现状调研

由于长子营镇建有以航食基地为特色的临空产业副中心，农产品安全受镇域地表水环境质量状况的直接影响。开展水环境现状调查，及时治理地下水、河道水体污染，改善镇域地表水环境是保障航食基地农产品安全生产的必要工作。试验站根据河道的长度和距离，以及污染源汇入口的分布，对 4 条河流划分了 17 个断面进行动态监测，进行河道和水面水环境质量进行调研（图 6-7）。

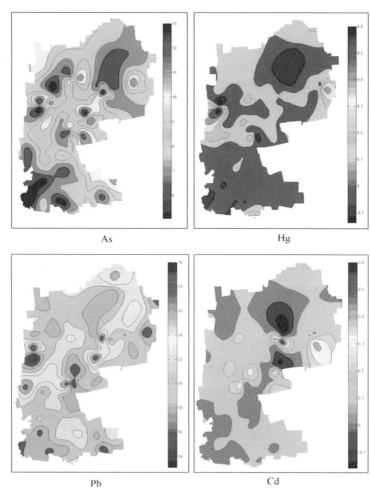

图6-6 长子营镇重金属（As、Hg、Pb、Cd）含量空间分布图

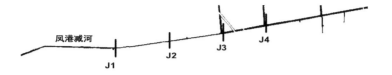

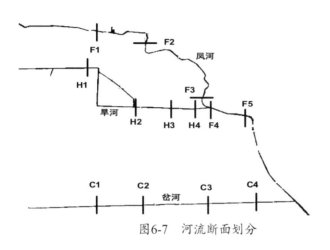

图6-7 河流断面划分

pH 值与温度。4 条河流年中凤港减河水体温度偏高，平均温度约为 13 ℃，pH 值也较高，水质偏碱性。

ORP 与 DO。《地表水环境质量标准》（GB 3838 — 2002）中罗文类水体溶解氧 DO 浓度的标准限值为 5 mg/L，罗文类水体溶解氧 DO 浓度的标准限值为 3 mg/L，4 条河流中只有岔河的 DO 浓度达到罗文类水体标准，其他河流均低于 V 类水体标准限值，其中凤岗减河水中 DO 浓度接近于 0 mg/L，污染严重。

主要污染物。4 条河流污染物平均值（COD：129 mg/L，TN：22 mg/L，TP：1.3 mg/L，NH_3-N：10 mg/L）均超过了《地表水环境质量标准》（GB 3838—2002）中 V 类标准，属于劣 V 类中的 V4，水质很差。岔河、凤岗减河在镇域内水质有持续恶化的趋势。

（二）轻简化栽培模式试验与示范

1. 目的意义

传统的蔬菜栽培方式具有生产流程繁杂、劳动强度大、人工成本高的特点，随着劳动力大量向二三产业转移，引起了蔬菜种植比较效益下降；因此，提高生产机械化水平、简化耕作制度、应用创新农业科技成果等措施，实现轻便、简捷、省工、高效的蔬菜轻简化栽培对当地蔬菜产业发展具有重要意义。

2. 实施内容

（1）温室东西向全程轻简高效生产技术

温室东西向栽培一般指长向栽培，就是沿着温室的最长方向开展栽培的方法，由于通常温室坐北朝南，习惯上是南北向种植，改为东西向种植，由于种植方向的加长，有利于开展各种机械设备的操作（图6-8、图6-9）。

传统的南北向栽培，跨度6～10 m，做畦50个以上，机器大部分的时间在转弯挑头上。改为高平畦东西向以后，作业直线跨度60 m以上，直线作业距离增加8倍以上，仅需要几次转弯，十分方便机器工作。采用开沟机和起垄机配合可以在温室内方便快捷地做出高平畦。温室东西向是形成高效栽培的基础，也是叶菜生产的核心关键技术，不仅解决了机器使用问题，也为东西生产管理提供了基础。改东西向栽培后，原来靠北墙的过道可以去掉，改为生产用地，土地利用效率提高了11%。东西向种植每畦之间都有过道，都可以作为走道；因此，北墙过道不需要存在。温室东西向栽培具有增加种植面积，减少劳动力，节水节肥，便于精细化、标准化管理等优点，为轻简化发展提供方向，在未来现代农业生产中具有广泛的应用前景。

图6-8 蔬菜东西向栽培示范

图6-9 蔬菜轻简高效栽培示范

（2）高平畦轻简化栽培技术

传统的平畦栽培需要按一定畦宽打埂和平整畦面，不仅消耗大量人工，也无法用机器替代，管理上沿用大水漫灌、大量人工施肥的粗放管理模式，土壤水分不均且容易引起大面积病害，过量灌水还会引起养分流失造成环境污染。基于这些问题，采用高平畦技术将粗放的模式变为单元化、网格化的精细管理，还可以使用机械来完成。比如开沟可以使用小型汽油机带开沟机来完成，在温室内将南北向平畦改为东西向高畦，用20～40 cm的小沟代替田埂，将原来1.5～2.0 m的宽畦变成0.8～1.2 m的窄畦，将原来的大水漫灌改为小水滴灌。高平畦使传统的栽培方式发生了根本性的变化，相应的配套技术也发生了根本性的变化，如改变栽培畦高度和方向、水分管理由大水漫灌改为滴灌、施肥由撒施翻埋变为水肥一体、作畦起垄由人工变为机器，均发生了质的变化，对于生产效率的提升有显著性的改变。该技术主要在设施生产中应用，但随着露地叶菜规模化生产的快速发展，高平畦水肥一体技术在露地上的应用也在快速发展。

试验站采用这项技术，不仅节省了人工，而且改变了土壤的水汽运动，使得土壤水分运移更加合理，缩短干湿交替的周期，减少土壤高湿引发病害的风险。在果菜种植中，原来1亩地需要3人来完成起垄，采用起垄机，东西向起垄1人2小时可以完成1亩地的起垄，效率提高近10倍，生产成本由300元/亩降至25元/亩。

（3）液体肥滴灌施肥技术

常规的水肥一体化常常使用固体水溶肥料，这种肥料搬运方便，溶解性较普通复合肥好，但在设施生产中，尤其是低温季节，经常使用容易导致吸肥管堵塞、滴灌带网眼出水不畅、过滤器杂质沉积，影响水肥的均匀分布和效率提升。固体肥的溶解大多是吸热过程，因此环境温度对溶解和分散有很大的影响，即使是高品质的水溶肥也难以避免。溶解性越好，成本越高，有的售价已在每吨 2 万元以上，显著增加了蔬菜生产成本。

试验站在前期研究基础上，开发出液体水溶肥料，以尿素硝铵溶液（UAN 氮溶液）、低聚合度液体聚磷酸铵和自制液体肥钾肥为基础原料，形成适合不同类型蔬菜的液体配方肥，并逐渐形成基于设施园区的配肥站和开发施肥技术指导手机 App 程序，为东西向生产提供了优化升级的技术配套。与尿素相比，液体肥氮肥利用率可以提高 6%，添加增效剂，利用率还可进一步提高。液体肥成本相对较低，与常规固体成本相同或略低，比高品质的固体水溶肥低 50% 左右，但溶解性可以改善 90% 以上，液体肥遇水即散，几乎不存在溶解的问题。东西向畦面拉长，必须使用滴灌，液体肥的使用还可以改善畦面东边和西边的均匀性分布，使得水肥效率进一步提高。

3. 效益评价

试验站通过轻简化栽培试验示范，将种植畦向南北改为东西向，可去掉北侧过道，土地利用率提高 7% ~ 8%；设备内横向种植后，有助于做畦机、覆膜机、定植机、轨道车等设备进入设施内操作，机械化率提高 80% 以上，劳动强度大大降低，每个茬口节省用工 5 ~ 6 个，每年减少 10 ~ 15 个人工 / 亩；设施内作物沿设施等温线、等光线管理，可进行分畦精确浇水、施肥等操作，较常规节水 30%，用肥减少 30%；不同种植畦差异化操作，有助于调整作物生长速度差异，促进均衡化生长，实现管理与生长同步；高平畦种植，设施内湿度降低，病害发生概率显著降低，优质品率提高 20% 以上；下一茬免耕接茬栽培，由全年土壤翻耕 4 次减少到 2～3 次，一次覆膜种植 3～4 茬，提高了资源利用效率。

（三）蔬菜优质、安全生产试验示范

1. 目的意义

针对航空食品对蔬菜原材料的需求，优质、安全是其蔬菜生产的重要目标；因此，通过优质、抗病品种的选育及引进、建立科学的施肥体系及采用绿色生物防治技术等系列措施，可以有效地改善农业生产环境，实现蔬菜安全、优质生产。为建设航食蔬菜基地提供了全面的技术支持与保障，有效带动了农民增产、增收，推动了区域产业快速健康发展。

2. 实施内容

（1）品种引进及筛选

试验站积极开展适合长子营镇生产和加工的国内外优新航食蔬菜品种资源引进与筛选工作，引进冰菜、薄荷、罗勒等新奇特的叶菜品种 20 余个。引进示范了京菠 186、京菠 700、京研快菜、京茄黑骏、国福 308、仙客 8 号等蔬菜新品种 10 多个。围绕当地蔬菜产业发展需求，为当地提供果蔬新品种 6 个，筛选出适合北京炎热夏季种植的耐抽薹生产品种［铁人（结球生菜）和芬妮（散叶生菜）］。同时，进行秋季高产生产品种筛选试验，综合种植品种的产量、品质等各项指标筛选出综合性状良好的结球生菜品种（猎户 101、ATX102、达能 901，其次为射手 101 和皇帝）；散叶生菜品种（玛丽娜、辛普森 - 精英和

特红皱）。此外，还进行了芹菜种类、品种评价、展示与示范，筛选出了适合当地日光温室密植种植、产量好、品质好的品种（08017 和 08024），筛选出了露地种植、产量好、品质好、抗病指数高的品种（TC08024、TC08042、TC37011 等）。

（2）育苗设备及技术研发

移动式育苗床的研发。为了更好地利用育苗棚室内的空间，提升育苗效率，试验站研发了移动式苗床。该苗床由苗床、支架、导轨、导轨滑轮、地面滑轮组成，苗床进入导轨后可沿导轨双向运动，进入地面可万向运动（图 6-10）。使用时，先把移动式苗床推送到育苗棚的指定装盘、播种地点，装好后再把苗床推到导轨下进行浇水等操作，随着出苗与幼苗的生长苗床逐渐前移，使不同生长期的幼苗在棚室内始终处在相同的管理区域内，成苗后苗床也达到棚室内的指定出苗点，可直接摆放到运苗的车辆边缘。

图6-10　苗床可轻易移动

该苗床使苗随床走，便于统一操作与管理，减轻了劳动强度，有助于集约化育苗技术的应用与普及。

育苗穴盘研发。为了使育苗基质块应用更为简便，试验站相关项目组设计并开发了生菜育苗基质块托盘与支架（图 6-11）。

支柱的底部与盘的上面连接，可采用螺旋结构方式，上部与盘的底部连接可采用插接方式。该基质块托盘底部有模孔，摆入基质块后可使基质块整齐、均匀分布，达到摆块数量最大化，摆块完成后可直接浇水操作。育成苗后把支架插入孔内可将托盘垂直摆放达到 10 层的高度，可极大提高成苗的运输效率。

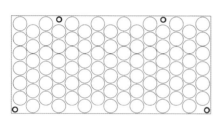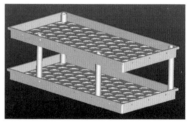

图6-11　平底盘的垂直视图和垂直摆放效果

　　生菜育苗技术示范。为了能够进一步改进生菜育苗方式，推动基质育苗技术大面积推广，试验站用基质块、穴盘、塑料钵和地苗 4 种方式进行生菜育苗对比试验。试验结果表明，采用基质苗育苗对提高生菜的产量与净菜率均有较明显的促进作用，采用基质块苗的产量达到 1888.2 kg/ 亩，较常规方式的 1497.9 kg/ 亩，增产率为 26%，增产效果十分明显。净菜率由常规的 75% 提高到 82%，提高 7 个百分点，据计算，该茬增产节支效益达 1000 元 / 亩。其次，利用专用育苗棚室、移动式苗床，并引入自动播种设备及育苗基质等资材，在长子营镇共培育生菜苗、油菜苗 150 万株，优质种苗的示范面积达到 200 个大棚，为培育当地育苗专业户，进一步实现机械化移栽设备，推进叶菜轻简化栽培打下基础。

（3）设施菜地土壤改良与施肥技术提升

土壤板结修复技术试验。试验站选用了生物炭、沼渣、稻壳鸡粪、牛粪4种有机物料对板结土壤进行修复，研究不同有机物料对作物产量、土壤容重和紧实度的影响（图6-12）。结果表明，在化肥不设处理情况下，底施有机肥和有机物料对生菜单棵重没有显著影响，但可以有效降低0～20 cm土壤容重和紧实度，不同有机肥源对土壤容重和紧实度改良效果存在差异，施用沼渣优于等量鸡粪和牛粪，与施用生物炭之间没有显著差异，利用当地沼渣来源，沼渣配施其他有机肥也有较好的效果。从土层紧实度变化看，设施大棚由于长期浅耕种植，在20 cm处形成犁底层，需要施用有机肥情况下，配合深耕深松技术，从而达到改良和培肥土壤。

改良后土壤　　　　　　　　　未改良土壤

图6-12　有机物料改良与对照收获后土壤剖面

设施菜地土壤盐渍化改良。试验站在大兴北蒲基地开展了有机氮与无机氮不同配比对设施菜地次生盐渍化土壤改良对比试验研究。试验设有机氮与无机氮不同用量处理5个，分别为有机氮∶无机氮=0∶1、有机氮∶无机氮=1∶1、有机氮∶无机氮=1∶2、有机氮∶无机氮=2∶1、不施肥。试验过程中对设施番茄生长过程中土壤盐分含量、养分含量进行了检测，同时测定了各处理番茄产量及果实品质。试验完成后，土壤的盐分水平与开展试验之前相比较，均有所降低，其中全盐含量降低的最为明显，处理（有机氮：无机氮 =2：1）土壤改良效果最好。有机肥与无机肥配合施用还可以提高番茄果实产量及品质。由此可见，有机氮与无机氮配合施用不仅可以提高土壤肥力，是蔬菜生产过程中优质施肥管理方式；还可以降低土壤硝态氮的含量，有效治理土壤次生盐渍化。

生物炭土壤改良及不同灌溉方式对生菜影响研究。基质和生物炭是两种性质不同的土壤改良剂，可以通过其对土壤结构进行改良，从而实现作物增产提质，同时减少氮肥用量，避免产生环境污染等问题。试验站通过开展田间试验，对比考察滴灌条件下基质和生物炭，以及施用基质条件下滴灌和漫灌方式对生菜生长、产量和品质的影响，并从土壤性质改变的角度探寻不同处理引起生菜农学效益不同的内在原因，进而为生菜地土壤改良和生菜增产提质提供理论指导。试验结果表明，滴灌方式与漫灌方式相比，不仅提升了生菜的含氮量、产量和维生素 C 含量，同时还降低了其硝酸盐含量；滴灌方式下，施用基质和少量的生物炭，或者两者配施均可以达到提升生菜产量及品质的目的，而大量施用生物炭会使生菜明显减产。

（4）生物防治技术试验示范

实施烟粉虱、番茄黄化曲叶病毒病绿色防控技术（图 6-13 至图 6-15）。试验站春、夏季在园区开展烟粉虱、番茄黄化曲叶病毒病绿色综合防控技术示范，以防治传毒介体烟粉虱为主线，配合利用抗病品种，采用东西向轻简化种植模式，根据蔬菜（番茄、辣椒、芹菜）的生长特性合理规划种植，通过定植前高温闷棚、通风口设置防虫网、定植烟粉虱驱避植物，定植后黄板监测、ZHI保机释放臭氧、释放天敌昆虫，开花期释放熊蜂传粉等绿色防控措施，有效控制了烟粉虱、番茄黄化曲叶病毒病的发生，番茄黄化曲叶病毒病防治效果在90%以上，产量提升5%，全程未使用化学农药。

图6-13　网室育苗培育无虫苗

图6-14　生物防治：释放天敌防治蚜虫

图6-15　生物防治：粘虫板防治粉虱

生菜病害综合防治示范。试验站对冬、春季育苗床生菜苗及定植后生菜的病害发生情况进行调查，冬、春季大棚生菜主要病害有霜霉病、菌核病和灰霉病等，传统育苗方式培育的生菜幼苗霜霉病发病严重，有的育苗床发病率达到100%，生菜死秧也是春茬生菜的一大问题，主要由菌核病和灰霉病引起，严重的棚生菜菌核病发病率达13%，生菜灰霉病发病率低为1%。夏季生菜育苗和生长期病害调查显示，夏季主要是褐腐病，造成苗床死苗和生长期死秧，发病率在10%左右。试验站在长子营镇北蒲州村开展了春季生菜菌核病综合防治示范工作，在轻简化栽培模式下，生菜散叶生，平高畦、滴灌、东西向种植。采用芽孢杆菌与木霉复配（2∶1）喷施处理后（定植每隔15天左右喷施1次，喷施3次），菌核病害发病率较对照区降低61.8%。

芹菜菌核病生物防治示范。试验站在罗庄三村16号棚开展了芹菜菌核病生物防治示范工作，供试芹菜品种为文图拉，以木霉（25 g/亩）与芽孢杆菌（50 g/亩）等复配对芹菜菌核病进行防治并促进植株增长。植株成熟后统计芹菜发病率和植株干重，喷施菌剂区域发病率比对照区域发病率明显降低，菌核病防治率达到 93.33%；同时，试验处理区域植物干重较对照区增重 31.1%，增重效果显著。

（5）蔬菜废弃物处理技术研发

蔬菜废弃物好氧堆肥处理技术。蔬菜采收或初加工过程中所产生废弃物的处理利用问题日益突出，为了促进这一问题的解决，结合蔬菜废弃物的特点，试验站开展以蔬菜废弃物为原料的有机肥堆肥技术研究，堆肥采用曝气供氧堆肥，以生菜废料、西红柿秧作为堆肥材料，添加玉米秸秆、鸡粪、牛粪等辅料，研究其碳氮调节和养分动态变化等发酵工艺，为堆肥化处理蔬菜废弃物提供技术支撑。试验发现，通过翻堆和曝气等方式，均可以实现蔬菜废弃物与畜禽粪便联合堆肥的高温发酵。堆肥中连续 5 天以上温度维持在 50 ℃以上，基本达到了堆肥生产的卫生条件要求；堆肥试验过程中不同处理均出现了氨挥发的峰值排放，并且添加鸡粪的处理氨挥发量均较大。因此，在堆肥过程中应注意减少或者不添加鸡粪，以减少氮素损失。

蔬菜废弃物发酵液制备及应用。探究果蔬废弃物发酵的制备工艺以及发酵液施肥模式对作物生长发育和产量品质的影响，不仅可以为果蔬废弃物在农业种植中的应用提供理论及数据支撑，还可以解决有机种植中的追肥难题，替代部分化肥，减少农业种植中化肥的使用量，实现蔬菜废弃循环利用，减少环境污染。试验以番茄秸秆为原料，与沤肥方式做对比，研究在物料增加（糖不变）、物料与糖同时增加（3∶1 比例不变）、EM 菌（发酵产物）替代糖这 3 种情况下果蔬废弃物的发酵程度，确定果蔬废弃物的最佳发酵比例为果蔬废弃物∶糖∶水 =7∶1∶6。通过盆栽试验，设置有机肥单施、有机肥与发酵液配施、有机肥与化肥配施等处理，研究果蔬废弃物发酵液对快菜生长发育、产量品质、养分吸收等方面的影响。经研究发现，果蔬废弃物发酵液在促进作物生长、提高产量、改善品质等方面均有一定的作用；因此，果蔬废弃物发酵液可以部分替代化肥，与有机肥配合施用，不仅可以科学合理地利用果蔬废弃物，开发新的有机肥源，缓解果蔬废弃物对环境的污染，为果蔬废弃物资源化、高值化利用开辟新途径；还能够减少化肥用量，为农业生产减肥增效和发展循环农业提供数据和技术支撑。

3. 效益评价

试验站结合当地区蔬菜产业种植特点，航食原材料安全生产与裕农公司鲜切蔬菜生产的技术需求，开展包括蔬菜新品种引进与筛选、土壤生态改良、节水灌溉、高效液体肥料、生物与物理防治、蔬菜品质提升及蔬菜废弃物处理等安全生产试验示范，为航食蔬菜优质高效安全生产提供技术储备与支撑。开展以结球生菜、鲜食玉米、水果黄瓜、白菜、萝卜、胡萝卜等为重点的蔬菜新品种筛选示范工作，建站以来共引入并展示各类新品种 100 余个，并对适宜工厂化加工的结球生菜品种进行提纯选育，优选 6 个株系，为蔬菜品种升级起到支撑作用。施用新型水溶肥料对生菜产量、品质、经济效益和环境效益均有不同程度改善，生菜产量比常规施肥增加 12.18% ~ 22.23%，从环境和降低投入方面考虑，减量 10% 的新型水溶肥料套餐，与常规施肥相比肥料成本增加 6.5%，增产 19.32%，且降低用量有助于减轻环境污染负荷，是节肥增效的优先选择。利用有益微生物防治叶菜病害，针对芹菜和生菜菌核病防控效果在 85% 以上，有效控制病害的发生并初步建立了生菜轻简化栽培病害绿色综合防控技术操作规程。

（四）果树优质生产试验示范

1. 目的意义

针对大兴区青云店林业站棚架梨园存在产量低、病虫害严重的问题，以及昌兴梨园精品梨种植发展的需求，试验站通过开展梨树圆柱形密植整形修剪技术来提高当地梨产量；为有效防治病虫害，减少农药对环境的污染和尽快修复果园生态环境，开展多种梨园病虫防治方法的对比试验；建设沼液滴灌施肥系统工程，开展精品梨水肥一体化管理试验，满足精品梨种植发展需求，以期培育优质大梨，为落实有机栽培的产品认证提供技术支撑。

2. 实施内容

（1）梨树圆柱形密植整形修剪技术

对果树进行科学整形修剪，可以增加新梢数量和生长量，提高产量。圆柱形是国外梨树密植常用树形，也是中国梨密植栽培中推广的主要树形之一。这种树形适合 1000 ~ 2500 株 /hm² 的栽植密度，株行距（1 ~ 2）m×（4 ~ 5）m，树高 3 ~ 3.5 m。树形结构特点是中心干直立，上面均匀分布 15 ~ 22 个结果枝组，结果枝组不断轮替更新，防止其衰弱和加粗、变大、失衡。圆柱形具有树冠小、通风透光好、早果丰产、树体结构简单、修剪技术容易掌握、便于机械作业等优点，有利于花果管理等各项作业和果实品质的提高，是适应梨树集约化规模化生产且有发展前景的一种树形（图 6-16）。

图6-16　老梨树修剪

（2）果园主要病虫害防治技术研究

为解决大兴区青云店林业站棚架梨园病虫害严重的问题，试验站开展了有机标准防治、"三安"植物保护剂防治、无公害标准防治和化学防治梨园病虫防治方法的对比试验。通过不同药剂和菌剂的处理，筛选出了高效、经济、安全和环保的梨园病虫防治方法，为解决梨安全生产难题提供科学依据。

（3）果园沼液滴灌工程示范推广

为了提升昌兴梨园梨品质，培育优质大梨，利用沼液进行果树的养分、水分一体化灌溉，以减少有机肥用量，降低成本。试验站在该梨园建设了沼液滴灌施肥系统工程，并开展了精品梨水肥一体化管理试验，试验主要采取深施基质肥与有机沼液一体化重力滴灌为处理，其中深施基质肥旨在提高吸收根区地力水平，增加吸收根的面积，沼液滴灌主要是实现水肥耦合施肥，有利于促进养分快速供应。试验以常规管理为对照，设置深施基质肥、沼液滴灌与深施基质肥＋沼液滴灌等共 4 个措施。试验结果表明：采用深施基质肥＋沼液滴灌措施的梨的最大果质量达到 1.5 kg 以上，增明显高于对照与单一措施处理，说明两者结合有利于大梨的培养，可作为促进增产增收的有效手段之一。

3. 效益评价

梨园在不施用化学药剂防治病虫害的情况下，施用矿物源、植物源的有机化合物和施用"三安"植物保护剂的生物防治，与无公害标准防治和化学防治效果相比，达到或接近其防治的效果。这为果园不打或少打农药提供了可靠的依据，为减少农药对环境的污染和尽快修复果园生态环境提供样板。但有机生产的药品投入太高，使生产者难以接受，这也是有机生产难以大面积推广的症结所在。

在有机栽培中，完全摒弃化学肥料投入会导致有机肥的投入量大，肥料成本居高不下。沼液滴灌施肥系统工程利用沼液进行果树的养分、水分一体化灌溉，可以显著减少有机肥的施用，并且施用方便，劳动力的用工量也大幅度降低，而且可以达到资源化利用沼液，做到废弃物的循环利用，防止因为沼液排放造成的农村环境污染问题。据估算，该工程可以满足园区 200 亩梨和樱桃的灌溉施肥需要，年消纳沼液 1200 m³，预计每年可以减少有机肥的施用 200 m³，具有显著的经济效益和生态效益。

（五）规模肉鸽饲养技术试验示范

1. 目的意义

北京地区的肉鸽规模养殖始于 20 世纪初，由于该产业适合于北京餐饮业对高档肉食品市场的发展需要，加之其生产过程无环境污染、节水等环境友好特点，在北京地区逐步发展起来。

肉鸽饲养业发展迅速，但饲养技术发展远远落后于实际生产需求，从种鸽到营养饲料、饲养设施设备、疾病控制等多环节的饲养技术，都是在肉鸽饲养业发展过程随之不断发展和完善的；因此，该行业对先进饲养技术的要求始终十分迫切。长子营泰丰肉鸽养殖场作为试验示范与应用基地，试验站专家长期驻扎在长子营泰丰肉鸽养殖场，与鸽场管理、技术及饲养人员一起，在生产一线开展多项技术研究与示范试验。

2. 实施内容

（1）种鸽核心群选育技术研究与示范

试验站在开展的种鸽核心群选育技术研究与示范工作中，建立了种鸽优质核心群选育关键技术，包括：种鸽核心群选育目标性状的确定方法、种鸽综合选择指数的计算方法、种鸽核心群谱系与数据管理系统平台、幼龄种鸽性别鉴定新技术。对米尔蒂斯种鸽核心群建立了纯繁保种的具体方法（图 6-17）。

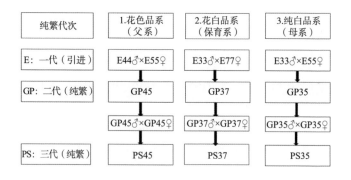

图6-17 米尔蒂斯种鸽核心群纯繁选育方案

为解决种鸽核心群选育的庞大数据管理技术问题，研制出种鸽优质核心群数据管理系统平台（图6-18）。该平台由管理系统软件（浏览器界面）、射频识别电子标签、智能采集终端和标签读写器组成，可实现种鸽生产性能数据采集、上传、保存和各项指标统计，可追溯种鸽谱系和计算配对种鸽的近交系数，为种鸽核心群选育数据长期积累、管理和使用提供了有力的技术支持。该项技术已登记完成了软件著作权。该项技术的难点体现在种鸽系谱信息与采集、上传的生产性能数据自动对应链接，并对一对配对成功的种鸽进行近交系数计算和各项指标的分类统计功能的实现上。

研究示范的幼龄种鸽性别鉴定技术实用化，为种鸽选育保种的公母鸽配对提供了可操作性技术支持。鉴定幼鸽性别的生物学方法，结果提高检测效率80%，降低成本70%，准确率达到97%以上，解决选种配对的关键瓶颈技术，对于开展种鸽育种及保种具有广阔的应用前景。

图6-18　种鸽优质核心群选育数据管理平台

（2）肉鸽疾病防控试验示范

随着肉鸽饲养产业从小规模传统饲养方式向现代化大规模饲养方式的发展，鸽病防治也成为非常重要的工作。目前，鸽病防治技术还处于不断摸索阶段。试验站相关专家开展了有关疾病的研究，制定了初步的防治技术规程，为肉鸽产业的发展保驾护航（图6-19）。

种鸽培育过程中疾病风险最大的是鸽新城疫病，为此开展大量的试验研究验证，获得了新型的免疫程序，该免疫程序显著缩短了21日龄至3月龄幼龄鸽新城疫抗体效价的空白期，提高了青年种鸽饲养期的抗体效价，大幅度降低了其间发生鸽新城疫病的风险和死亡率。

图6-19　专家到长子营泰丰肉鸽养殖场现场指导

（3）引进推广规模化肉鸽饲养新设备

为满足核心群种鸽新城疫和毛滴虫病防控净化的需求，针对笼养种鸽普通饮水碗极易产生饮水污染和疾病传播的问题，研制了一种专用洁净型自动饮水器。这种自动饮水器可以通过特制的防尘盖降低鸽舍羽毛、粪便和空气中灰尘、病原的污染，通过设置开关独立进行供水管道的清洗和消毒，通过设置将饮水碗方便取下的结构将水碗取下来清洗及消毒，从而实现种鸽核心群的洁净、独立、防交叉污染的自动供水方式。针对青年种鸽飞棚散养方式普遍使用的"普拉送"式或普通碗式饮水器，极易造成交叉污染和疾病传播的问题，研制了群养青年种鸽专用防止交叉污染传播疾病的自动供水装置。

传统肉鸽饲养笼具为垂直型 2 层笼或 3 层笼，阶梯式饲养笼是在借鉴蛋鸡饲养阶梯笼的基础上改进而成（图 6-20）。引进该种笼具，可以改善肉鸽饲养的通风、光照和空气环境条件，饲养人员日常操作更为方便，减轻劳动强度。引进自动饲喂机，可以减轻饲养人员劳动强度，同时减少饲料浪费，提高饲料利用率（图 6-21）。引进刮板式清粪机，可以减轻劳动强度，减轻人工清粪过程造成的空气环境污染，从而改善鸽舍空气质量。

图6-20　阶梯饲养笼的引入　　图6-21　引入双地轨前喂式自动
　　　　　　　　　　　　　　　　　　　　饲喂机

3. 效益评价

长子营泰丰肉鸽养殖场作为试验示范与应用基地，应用先进技术及优良品种，目前发展规模上升到 4 万对种鸽，生产水平和生产效率获得了显著提高，赢得了良好的经济效益与社会效益。2016 年引进了米尔蒂斯大型肉鸽种鸽，现在已经成为华北地区唯一的大型肉鸽具有种鸽生产经营资质的种鸽场，生产和经营管理走上了技术领先、高效生产、可持续的良性发展轨道，对北方肉鸽行业技术与生产发展产生明显的推动作用。

（六）航空食品质量安全可追溯系统建设

1. 目的意义

航空食品原材料基地是大兴区长子营镇重点打造的产业之一。而近几年，作为食品原材料的农产品质量安全一直是全球性的热点问题。农产品追溯技术成为提高农产品质量安全、加强农产品质量监管的重要手段。针对航空食品质量安全的需求，应用物联网技术开发面向航空食品的追溯系统，从生产源头入手，实现农资监管、基地生产、安全检测等关键信息管理的质量安全管理与追溯，对于提高企业管理效率、提升农产品质量安全监管水平具有重要的意义。

2. 实施内容

（1）农资监管系统

为了实现航食投入品监管，落实农药经营告知、建立农资供销电子台账、加强日常监管，试验站整合了长子营农资店数据，分析其流程，开发了政府监管平台的农资经营管理模块，实现了农资店进货管理、销售管理、库存分析、小票打印等功能，可实现农资数据与生产数据无缝对接。

（2）农产品安全生产基地管理系统

为了建立基地生产电子履历数据库，实现农产品定植、施肥、用药、灌溉、采收等一系列生产过程的信息化管理，试验站开发了2套农产品安全生产基地管理系统：客户端版的生产基地管理系统和服务器端版的生产基地管理系统。

客户端版的生产基地管理系统：实现地块信息管理、生产信息管理、检测信息管理、条码打印、生产资料管理、天气预报管理、数据上传与统计分析等核心功能；系统主要面向信息化基础条件不高的基地，可通过本地离线填写数据后一次性上传；具有简单的ERP系统功能，可满足中小基地的应用。

服务器端版的生产基地管理系统：实现地块信息管理、生产信息管理、检测信息管理、条码打印、生产资料管理等核心功能；系统主要面向信息化基础较好的基地，可实现在线数据填报。

（3）农产品质量追溯系统

为了进一步实现航食质量安全可追溯，试验站通过集成不同环节数据构建溯源中心数据库，以产品二维条码为唯一标识和媒介，开发了面向广大消费者和监管部门的质量安全追溯网站系统和农产品智能追溯App，分别通过网站条码输入、手机条码扫描方式实现农产品产地环境、生产过程、产品检测等关键信息追溯（图6-22）。

以地区优势、基地实况、质量监控、优势产品为核心，构建了多系统集成的农产品质量安全追溯平台，实现了原材料基地的快速查找功能，原材料产地的地区优势介绍，原材料基地情况及原材料质量的有效监控。

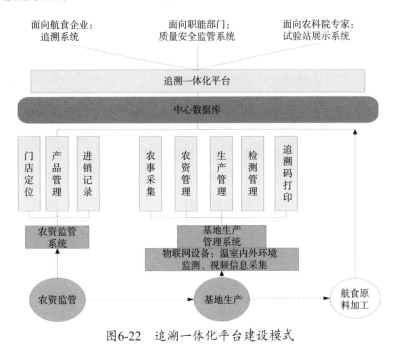

图6-22　追溯一体化平台建设模式

（4）农产品质量安全信息展示平台

试验站以农资监管系统、农产品安全生产基地管理系统和
农产品质量追溯系统为基础，开发了农产品质量安全信息展示平
台，以航空食品原材料基地质量安全监管为核心，包括企业管
理、产地环境、生产管理、检测管理、基础设置和基地管理6
个子模块，对农资监管、生产基地管理、检测中心信息和追溯
系统进行集成展示，并提供农产品安全信息统计分析功能，为
企业管理决策提供服务。

（5）综合服务试验站全园物联网展示系统

试验站在示范园区部署视频监控设备、小型室外气象站、
温室内环境信息采集设备等方面，实现了园区核心部分视频监控

和环境信息采集；部署大屏展示设备，集成多源信息开发全园物联网展示系统，实现视频监控、环境信息展示、生产信息记录、试验状态查询等功能。

试验站全园物联网展示系统可显示专家信息、视频信息、温室环境信息、农事信息和气象站环境信息等内容；专家信息包括专家的姓名、年龄、领域的介绍；院专家及镇管理人员可远程实时查看温室的实况及环境信息，解决了专家赴基地不便的问题。

3. 效果评价

保障农产品安全生产，利用现代物联网技术，开发了农资监管 POS 系统、生产基地移动管理系统、农产品质量追溯系统、移动监管执法系统、移动安全信息采集系统，以及农产品质量安全监管服务平台"五合一"的系统平台，实现了温度、湿度、光照、图片等资料的原位连续采集，园区管理可视化、智能化、信息化，实现了各平台之间的信息互通管理，实现了农产品生产源头控制及全程跟踪追溯，提高了航空食品原料安全生产管理能力。

通过建立航食质量安全管理和溯源系统，对农资投入品进行有效监管，提高了生产管理的效率和质量，减少了不合理投入品对生态的影响，从而保障了农产品品质，提高了土壤生态环境安全。企业实现了销售收入、年净利润、年上缴税收的整体提高，做到了产品基地生产、农资投入、销售信息的有据可查，提高了农产品追溯信息的透明度，提高了消费者对企业的认可，提高了企业市场竞争力。

（七）基地生态景观规划与建设

1. 目的意义

长子营镇地理位置优越、交通便利，北京新机场的临空经

济将促使长子营形成航食产业链。提升长子营镇在北京生态建
设中的地位，打造优美的生态环境将助力于产业健康持续发展。

2．实施内容

（1）生态景观草在湿地应用生态功能评价

试验站研究了狼尾草属、芒属等生态景观草种植对土壤
养分和土壤理化性状的影响。种植生态景观草主要影响耕层
（0～40 cm）土壤，显著增加了土壤中微生物、真菌、细菌和放
线菌的数量，进而增加土壤微生物碳、微生物磷和微生物氮的
含量；显著增加了土壤中水溶性有机碳、毛管孔隙度和总孔隙
度，起到一定改善土壤的作用。通过生态功能研究完善生态景
观草景观提升技术体系（图6-23）。

图6-23　观赏草种苗繁育试验

（2）小黑垡湿地景观提升工程

长子营湿地水面开阔。湿地资源位于京沪高速以东，北起
马驹桥出口，南到大兴采育出口，地处南郊平原地带，其突出的
优势是地下水资源丰富，水质较好，形成大小的湿地湖泊，景观

独特。试验站针对小黑垡村丰富的湿地资源开展了湿地景观提升工程。试验站调研了小黑垡生态景观草成活情况，利用生态景观草营造湿地景观，具体种植品种数量见表6-2。

表6-2 小黑垡湿地生态景观草种植品种和数量

名称	面积/m²	规格	用途
狼尾草	7200	12 cm × 13 cm盆栽苗	滨岸护坡、水体净化
纤叶芒	2400	15 cm × 15 cm盆栽苗	滨岸护坡、水体净化
千屈菜	420	12 cm × 13 cm盆栽苗	滨岸护坡、水体净化
花叶芦竹	400	15 cm × 15 cm盆栽苗	滨岸护坡、水体净化
披针叶苔草	2800	10 cm × 10 cm盆栽苗	林下覆盖
卡尔拂子茅	400	15 cm × 15 cm盆栽苗	背景景观
青绿苔草	7600	12 cm × 13 cm盆栽苗	林下景观
荻	1600	芽	滨岸护坡、水体净化
观赏草花境	5000	盆	林下景观
合计面积	27820		

（3）综合服务试验站和航天食品基地核心区域生态景观建设

自2012年以来，长子营驻站专家在试验站示范了"纤序芒""长序芒""雪绒"狼尾草等12个自主选育品种和"斑叶芒""小兔子"狼尾草等9个引进生态景观草品种，示范了标准化种苗繁育技术、容器苗生产技术，在试验站、沂水营、留民营等地通过营造景观农田方式实现了规模化的生态景观草生产。通过在航食园区内种植生态景观草无病虫害、不产生种子，为航食园区生产生态安全产业提供了环境保障。

3. 效益评价

试验站在湿地种植生态景观草 1.1 万 m²；利用生态景观草在航食基地提升景观面积 5000 m²，营建景观农田 35 亩；展示生态景观草新品种 26 个，推广生态景观草滨岸护坡技术和容器苗生产技术，开展技术培训 6 次，共培训技术人员 25 人。通过生态景观草的应用，建成了低成本、低维护的景观，吸引了游客，为长子营航食产业营造出了优美自然的生态环境，打造了优美自然的湿地景观，提升了长子营在北京生态建设中的地位。

（八）农业科技服务与培训体系建立

1. 目的意义

针对长子营镇农业产业发展需求，以镇域及周边全科农技员、示范户、基地农户等新型农民骨干为主要培训对象，在轻简化生产技术、测土配方施肥、果蔬病虫害防治技术、食品安全、高效节水技术、电子商务等重点技术领域，开展专家现场指导、田间观摩以及培训研修等形式的培训服务，对于提升培训对象的产业技术知识和操作技能、带动区域内农业相关产业升级具有重要的作用（图 6-24、图 6-25）。

图6-24　轻简高效技术现场观摩会

图6-25　大兴区全科农技员培训现场

2. 实施内容

（1）资源注入

为当地引入现代农业远程教育培训平台，实现在当地科技服务站的在线直播与点播培训；注入农业数字信息资源库，丰富当地科技服务站的科技资源，实现资源本地化服务，主要内容包括：农业多媒体课件、电子图书、在线期刊、农业益智游戏、农业影视科普片、农业数字信息资源专题库等。

（2）科技培训

根据当地需求，开展多种形式的科技培训，具体包括以下三个方面。

应时应季培训。根据农时农事发展需求，重点针对镇域范围内的村级全科农技员和科技示范户等开展实施，即在农时农事关键时期管理重点环节，组织针对需求的生产技术培训，解决实时问题，为生产提供指导。培训内容包括设施蔬菜高产栽培技术、果树栽培管理技术、病虫害防治技术、养殖及疫病防治技术以及农产品营销知识等。

农业新技术示范培训和观摩。结合院镇合作综合服务试验站各技术专家示范工作内容，适时组织培训观摩，将先进生产技术、成果展示给骨干农民，促进农民知识更新、实践能力提高。

食品安全等观念提升培训。结合当前农村发展形势、镇域航食基地建设和食品安全发展需求，开展农村发展形势与政策解读、食品安全知识等观念提升培训，促进农民提高认识、增强发展观念。

（3）综合信息服务

为了扩大科技培训和服务的覆盖面，同时保障服务效果，针

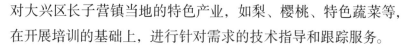
对大兴区长子营镇当地的特色产业，如梨、樱桃、特色蔬菜等，在开展培训的基础上，进行针对需求的技术指导和跟踪服务。

一是开展基于互联网的在线农业科技专家咨询与诊断点对点服务，切实解决当地农民生产中遇到的生产科技问题。

二是针对需求发放科技信息咨询服务产品。包括 U 农通系列产品和咨询通产品等。该系列产品既可以连接电脑，也可以在手机上使用，方便实现农业科技成果、新技术查询和联网在线咨询专家，实时解决生产中的技术难题。

3. 效益评价

（1）远程培训发挥了积极作用

在长子营镇河津营村与东北台村建立 2 个远程教育培训点，实现当地科技服务站的在线直播与点播培训。从春季开始主要安排蔬菜种植、果树种植等种养实用技术，通过北京农民现代远程教育网络、北京长城网等一个月大约播 40 个课件。据不完全统计，北京农民现代远程教育网、北京长城网实用技术等2012 年以来大兴本地点播超过 20 万人次，辐射带动超过 50 万人次，较好地发挥了传播技术、促进生产的作用。

（2）有效助推了产业的发展

近年来，围绕长子营镇北部蔬菜生产和南部果树生产，在生产核心区共组织专家讲座、实操指导、现场答疑及观摩活动等共计 37 次，直接培训农户 1300 多人次，内容涉及蔬菜品种、测土配方施肥、病虫害防治等蔬菜生产各个方面，以及果树修剪和树形整理、水肥管理、病虫害防治等果树生产的各个环节，有效促进了当地生产技术水平的提升。针对赤鲁村的传统鸭梨销售问题，邀请北京农职院市场营销专家李志荣教授前往现场进行指导。利用网络等技术手段为当地进行农产品市场营销的宣传；为大兴地区的梨、桃等果树及蔬菜等农产品，利用北京农业信息网、12396 热线网站等信息化平台，进行销售宣传，促进产业增效和农民增收。

（3）促进了科技成果的示范、辐射与推广

积极组织试验站周边的科技培训和观摩活动。现场培训部分，当地产业需求，以大兴区长子营镇为重点，兼顾周边安定、庞各庄、采育等镇区需求，在周边 8 个乡镇开展了蔬菜、果树种植、管理方面的技术培训共计 135 次，培训农民、农技员合计达到 6100 人次。围绕西瓜新品种应用、轻简化栽培技术，蔬菜根结线虫隔离防治等重点成果组织示范观摩活动 10 余次，向全科农技员、合作组织和基地重点示范户展示了北京市农林科学院先进的生产技术成果，共指导、宣传、推广蔬菜、果树等新品种 30 多种，推广生产适用技术 40 多项。推动了蔬菜水肥一体化、农业节水技术、病虫害综合防治、轻简化栽培技术等一大批农业成果在大兴区的示范应用，不仅使他们在实践中增长了知识，同时也提升了北京市农林科学院科技成果的转化能力，缩短了转化周期，促进了成果落地，取得了较好效果。

（4）提升农民的信息和科技意识

在试验站终端电脑上安装专家远程双向视频咨询诊断系统，实现当地农技员、农民与市级专家的在线远程科技咨询。利用农业科技电话语音咨询服务平台，实现农业科技电话语音咨询与网络在线答疑服务。注入农业数字信息资源库，丰富当地科技服务站的科技资源，实现资源本地化服务。注重授之以渔，先后在长子营镇赤鲁村、河津营村以及周边的青云店镇、庞各庄镇、北臧村镇等地区开展"U农蔬菜通"、U农果树通的推广应用，发放U农系列信息化产品400多套，举办了应用技术培训，提升了农民的信息技能，也加大了现代农业信息服务手段的推广和应用，加快了农业信息化进村入户；推广应用了"12396热线"多通道服务，使农户明白如何寻找身边的科技服务资源，推动利用手边的电脑、手机等多渠道获取科技信息，切实提升了科技素质。

四、建设创新的推广服务模式

（一）"试验站+企业+机构"保障农产品质量安全

长子营镇是京南重要的蔬菜基地，也是首都新航空港周边农业用地没有被占用的乡镇之一。长子营镇位于新空港的东北侧不足15 km处，地理位置优越，可避免果蔬农产品长距离运输；京津塘高速公路和104国道穿镇而过，交通便利，是京津产业走廊和南六环沿线发展带的重要节点；位于亦庄经济技术开发区至大型国际机场发展辐射带上；地势低平利于发展集约化、规模化农业。因此区位优势，大兴区将长子营镇列为"十三五"期间重点发展新航城食品原料基地。

长子营镇围绕临空经济，发展特色产业，建设北京航空食品原材料基地，打造特色城镇。通过资源整合，开展院镇合作，加强社会资本对接，多方参与共建，充分发挥了区位、资源、科技、产业优势，建立健全了质量安全监管体系、产品供应保障体系、航食产业发展体系，形成可示范、可推广、可复制典型模式，实现了农产品高产量、高品质，可追溯，有特色、有保障。

1. 市场推动，整合资源成规模

依托龙头企业，建立农产品质量安全追溯管理体系，形成

第六章　主要做法及取得成就　实践篇

标准化可追溯安全生产模式；整合农村专业合作社和农户，推动和形成"龙头企业、农村专业合作社和农户"三位一体规模。围绕航空配餐、航空食品加工，天天果园、首农商业连锁、沃圃生、裕农等一批"互联网+农业"、航食加工展示的企业落户，助力航食产业发展，有助于加快打造航食原材料品牌进程；全镇29家"三品一标"基地、108家农民专业合作组织积极参与航食基地建设。试验站在长子营镇主要对接合作社及基地详见表6-3。

表6-3　试验站在长子营镇主要对接合作社及基地一览表

序号	基地名称	对接单位
1	长子营镇蔬菜生产示范基地	北京凤河现代农业示范区
2	生菜高效生产示范基地	北京绿福蔬菜产销专业合作社
3	规模肉鸽养殖技术服务基地	北京长子营泰丰肉鸽养殖专业合作社
4	有机农业示范基地	北京青圃有机农业专业合作社
5	古梨园复壮栽培示范基地	北京赤鲁东方金秋果品产销专业合作社
6	果园轻简化栽培技术示范基地	北京广润发果品专业合作社
7	标准化精品梨园生产示范基地	北京台达梨产销专业合作社
8	蔬菜安全生产示范基地	北京众天合农产品产销专业合作社
9	蔬菜安全生产示范基地	北京雪岭蔬菜产销专业合作社
10	特色农业生产示范基地	北京天地生农产品专业合作社
11	叶类蔬菜高效生产示范基地	大兴区长子营镇白庙村
12	蔬菜安全生产示范基地	北京兴创祥光蔬菜专业合作社

135

2. 科学监管，认证机构参与

引进社会第三方认证机构参与农产品质量安全生产监产监管的工作方法；引导和推动全镇"三品一标"认证工作，提高"三品一标"比例；组织认证机构每年在全镇范围内定期进行土壤、水、空气等农产品生产环境及加工环境的检测，并分析和评估生产环境、加工环境的优劣，提出有效的建议和对策，及时调整产销方案；利用社会第三方监管的方式，确保长子营镇农产品生产环境的安全。

3. 科技支撑，强化院镇合作

院镇合作，推进最新最前沿农业科技成果转化，加快新产品、新技术的试验示范，推广普及优势农产品和先进技术。试验站以长子营镇航食农产品为重点，引进蔬菜、水果等新品种，推广新技术，强化农产品质量安全，确保试验站、基地供应农产品优质、绿色。

加强农业生产主体的培训，定期组织开展农产品质量安全培训、生产技术培训，辐射前沿信息，提高生产主体的安全生产意识和综合生产能力，提升农产品质量安全水平。

充分发挥农产品质量安全科技服务专家团队的作用，技术指导改良土壤，为农产品安全生产奠定基础。

4. 完善制度，政府执法监管

建立农业投入品经营单位经营内容的购销定期报备制度。重点加强对农资经营者的依法管理，实现农业投入品购销的可追溯。

建立对生产主体的流动督查制度，严格要求生产主体建立标准化生产制度和农产品安全追溯管理体系，有翔实的档案记录和单据。不定时对生产企业农产品安全追溯管理体系的运行情况进行检查。

成立农产品质量安全体系领导小组，制定动态执法与专项整治制度，依法打击农业投入品经营单位的购销假劣农资、无照经营等违法行为，依法打击农业生产主体违规使用禁限用农药、兽药、食品添加剂，及农产品污染物超标等问题。

（二）"试验站＋信息化"助力人才队伍建设

试验站在河津营村与东北台村建立 2 个远程教育培训点，实现当地科技服务站的在线直播与点播培训。在试验站终端电脑上安装专家远程双向视频咨询诊断系统，实现当地农技员、农民与市级专家的在线远程科技咨询。利用农业科技电话语音咨询服务平台，实现农业科技电话语音咨询与网络在线答疑服务。注入农业数字信息资源库，丰富当地科技服务站的科技资源，实现资源本地化服务。安装远程教育系统，向农民播出农业科技远程培训技术课件。研发"U 农蔬菜通"产品，助力蔬菜新品种与信息技术的普及应用，该产品针对蔬菜生产的技术需求，以 U 盘为载体，整合了蔬菜生产的品种、栽培技术和病虫害防治等技术信息，以及病虫害智能诊断系统，覆盖了 120 多种蔬菜 5000 多种品种和技术。研发"U 农果树通"技术产品，为当地果蔬产业服务，该产品集果树品种、栽培技术、病虫害防治技术、多媒体课件于一体，集物种分类导航、自然语言检索、在线远程更新、咨询服务功能、动漫科普于一身，内置知识库、分词工具与智能搜索引擎，可使果农轻松掌握各种最新最全的果树栽培知识。

开展宣传和培训指导相结合，促进农产品销售和品牌提升

（图 6-26）。组织农产品市场营销的远程直播培训。根据当地产业发展需求，聘请市场营销的专家进行农产品品牌提升的指导。利用网络等技术手段为当地进行农产品市场营销的宣传。据统计，截至目前，组织技术培训会、观摩会 94 次，对接村级全科农技员 40 人，直接培训各类农民 3700 余人，通过现场指导、电话、网络等形式培训农民 1500 余人次，培训农户 8000 余人次，传播农业实用技术 20 余项。发放"U 农蔬菜通"、果树通技术产品 400 套，解决果蔬剪枝、树形整理、病虫害防治以及蔬菜栽培管理、土肥应用等技术问题 30 多个，直接受益人群近万人，间接带动 3 万人以上，为当地蔬菜、果树生产减少损失、农业节本增收可达数 10 万元。

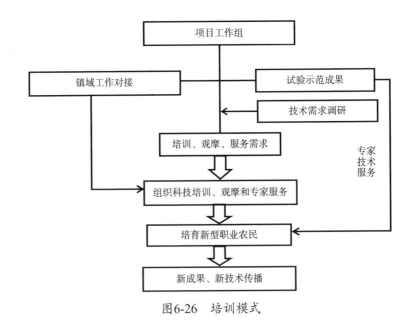

图6-26　培训模式

（三）"试验站＋项目"实现院镇合作深入开展

据了解，长子营镇是北京市最早实施"院镇合作"的乡镇。1995 年，双方共建大兴科技示范区项目；1998 年，该镇又与农科院的 10 多个研究所、30 余位专家进行项目对接，引进转化技术成果 100 余项。通过院镇合作，双方共同建立了大兴蔬菜科技示范区、留民营有机农业示范区、冬枣基地、肉鸽产加销一体化基地，并在全市率先建立了无公害、标准化有机农业等生产基地，面向全国推广了多项技术，建立两个科技服务中心，形成 15 分钟服务圈，以科技为支撑的产业优势逐渐凸显。

近年来开展的院镇合作项目，对农科院的科技成果转化和长子营镇航食产业的发展，发挥了重要的纽带作用，起到了汇聚力量、汇聚人心、拉近感情、塑造产业的良好作用。其中，北京市农林科学院长子营镇农业科技综合服务试验站更是发挥了试验、示范、推广的桥梁效应，通过试验站开展的蔬菜轻简高效栽培、安全生产，生态景观营造等工作内容已经取得了阶段性的明显成效。试验站探索出的"1+1+1+1"专家服务模式（1 名入站专家，培育 1 名当地技术人员，开展 1 项大田试验，对接 1 个新型生产主体）有效地链接了科研单位的科技资源与地方的生产需求，带动了技术示范推广，为当地培养了实用人才。

根据新的 5 年合作协议，长子营镇将继续依托北京市农林科学院的专家队伍、科技成果、科技项目等优势推进深入合作，实现科研单位与乡镇产业的共同成长与发展，探索科研单位与乡镇协同发展的"院镇合作"新型科技推广模式。围绕长子营建设"环境宜居、产业宜居、产品宜居、生活宜居"的宜居生态城镇需求，双方将根据实际情况，共同研究确定合作项目。此次合作与以往的不同之处是，打破了以前仅为农民提供科技服务的常规路数，突出"大农业、大环境"建设。合作涉及宜居环境建设、农产品质量安全、节水农业、湿地建设、净化水质、农业污染源治理及循环利用等各方面。未来，长子营镇将成为北京市农科院的试验示范推广前沿阵地和生态示范新城，见表6-4。

表6-4　专家与各类生产经营主体"一对一"对接情况

项目	专家	生产经营主体
一期	张宝海	北京市夏至农业科技有限公司
	孙焱鑫	北京欣雅特色农产品专业合作社
	孙钦平	北京台达梨产销专业合作社
	刘本生	赤鲁生态梨园
	刘东升	北京绿富产销合作社
	廖上强	大兴区凤河源农业示范区
	滕文军	长子营合众园（北京）生态农业科技有限公司
二期	孙焱鑫	北京凤河现代农业示范区
	潘立刚	北京富兴民业蔬菜水果种植专业合作社
	谢 华	北京青圃有机农业专业合作社
	曹承忠	北京长亦兴赤鲁民俗旅游专业合作社
	刘善江	北京绿泉农产品产销专业合作社
	刘 军	北京沁水园农业观光有限公司
	钱建平	沃圃生（北京）农业发展有限公司
	张宝海	北京市惠民长丰农业专业合作社
	孙钦平	北京台达梨产销专业合作社
	罗 晨	北京北台农产品专业合作社
	武占会	北京广润发果品专业合作社
	郭文忠	大兴区长子营镇河津营村
	张 辉	小黑垡民俗旅游专业合作社

第七章

存在问题及对策建议

一、存在问题

（一）试验基地存在不确定性

长子营试验站用地属于长子营镇政府提供，北京市农林科学院可以干工作和做试验，对各项试验的安排没有自主权，真正种什么、做什么，需要与当地政府商议才能决定，纵使驻站专家有"撸起袖子加油干"的决心，但因为存在"后顾之忧"，担心试验结果而"不敢干、放弃干"。由于长子营镇政府行政领导职务发生变更，地方政府工作重点也出现变化等原因，导致长子营试验站建设缺乏稳定、系统的支持，未来的试验基地也存在不确定性，极大地影响了驻站专家的创新热情。

（二）当地政府的科研经费支持不足

一个农作物新品种的推广，一般要经过1年预备试验、2年区域试验、1年以上生产试验、至少1年的大面积生产示范，才能推广于大面积生产应用；因此，可以看出所用的费用将是很大的。虽然对于长子营试验站项目北京市农委和北京市农林科学院科技推广处给了很大的政策和经费支持，但是由于区域试验

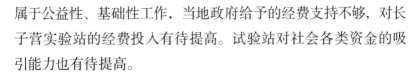

属于公益性、基础性工作，当地政府给予的经费支持不够，对长子营实验站的经费投入有待提高。试验站对社会各类资金的吸引能力也有待提高。

（三）劳动者素质有待提高

留守农民年龄偏大，再加上地方政府出于安全责任的考虑，农民培训的积极性不高，培训面临难题，劳动者素质有待提高。试验站点固定的田间管理人员偏少，雇请的临时劳动力素质不高、田间管理经验缺乏，田面不平，旋耙不匀，播种量、基本苗、肥水管理不一致，田间记载、测产、收获、结果上报不及时等问题偶有发生。试验站监督管理机制有待完善，监督管理的落实较难。

（四）实验设备有待进一步改进

试验站建设基地的不稳定性、话语权的弱势性、经费的不足，势必造成先进实验设备、仪器的不足。一是数据记载落后。试验站工作需要记载大量的田间数据，而这些工作不能只处于"用眼看，用手摸，用笔记"的状态，否则数据记载容易出错。二是数据处理手段落后。统计分析工作效率低，田间记载数据出来后往往需要很长时间才能出具试验结果。三是评价手段受局限。现有工作既要着重于记载品种的田间表现，也要兼顾对与品种紧密相关的气候、土壤等因素的作用进行分析，对品种评价的科学性就对实验设备提出了更高的要求。

二、原因分析

（一）长期稳定合作机制不足

行政领导的更替以及政府工作重点的变化，就会影响试验站建设的稳定性，其中有一个最重要的原因就是当地政府与农科院的长期稳定合作机制不足。试验站建设是服务于区域农业产业发展的公益性基础性事业，只有在当地政府稳定支持下建立的试验站才有固定性与长期性，否则就会出现由于行政领导职务变化、地方政府工作重点变化等原因，影响试验站的建设和农业科技推广工作。

（二）农科院缺乏自身的实验用地

农业试验周期长，需要长期跟踪。北京市农林科学院对实验站没有稳定的、具有自主产权的实验用地，需要当地政府提供，因此，中途出现了由于当地政府原因需要更换试验站地点的情况，造成前期各种投入的浪费。现在，试验基地建设仍旧存在不确定性。由于没有自己的试验用地，北京市农林科学院则对试验站的各项试验安排也没有自主权，专家的试验布置由于害怕承担风险，不敢"撸起袖子加油干"。

（三）地方政府重视程度不够

不论是政府行政领导更替，还是政府工作重点转移致使的试验站基地缺乏稳定性，以及地方政府给予的经费支持不足等，追根究底在于当地政府的重视程度不足。虽然农业试验站建设的初衷是服务于区域农业发展，但是由于农业试验的周期长，一个农业新品种从最初的实验到最后的全面推广至少需要 5 年，并不是短期就能看到效益；因此，当地政府的积极性和重视程度就不够。

三、对策建议

（一）探索院地共管新模式，建立地方政府稳定、系统的支持政策

由于行政领导职务变化、地方政府工作重点变化等原因，导致试验站建设缺乏稳定、系统的支持。与当地政府结合程度如何关系着试验站建设的成败，只有在当地政府稳定支持下建立的试验站才有固定性与长期性，否则，会严重制约科研示范工作的开展。要探索农业科研院所和当地政府"合作双赢"的共建模式，建立地方政府对试验站稳定、系统的支持方案，并形成政策、制度。地方政府要不断扭转观念，提高认识，扩大对试验站的资金支持力度，在推广经费的投资方面根据县区农户的技术采纳程度和产业产值比例，适当调配对"试验站"的推广经费支持。另外，对于各类下拨的农业推广科研项目资金，地方政府应适当让出一定的比例用于"试验站"的技术创新与推广费用。

（二）围绕区域产业科技发展，掌握试验站建设话语权

作为农业科技创新和推广的主力军，农业科研院所可以围绕实际生产需求，不断调整科研方向，加快构建出体现国家产业政策、符合区域功能规划的地方农业产业，只有掌握区域产业科技发展的"话语权"，才能加速农业科技成果转化，从而带动区域劳动生产率、土地产出率和资源利用率的提高。在试验站建设用地上，或买或租，探索建立用合同从法律上固定、有稳定地点、具有自主产权的试验站，使驻站专家"撸起袖子加油干"，无后顾之忧，不会因为担心试验结果而"不敢干、放弃干"。

（三）加强市场为导向，提高农民科技素质和科学种田水平

提高农民素质，打造新型职业农民是发展现代农业的根本举措。试验站要以市场为导向，以降低农户生产成本、提高农户收入为目标，加强科技创新与推广。如果一种技术创新，能克服农户对市场的后顾之忧，增强其信心，充分挖掘其发展潜力，那么这种创新技术的传播就会非常迅速。基于地方政府的支持，以新型经营主体为技术载体，通过试验示范，充分提高农户的科技素质。要注意农民个体之间的信息传递模式，让农户之间相互学习，即达到"以表证来教习，从实干来学习"。技术创新过程中要树立农民典型，培养一批当地的"田秀才""土专家"，发挥领头雁、科技"代言人"的作用，现身说法，带动农民提高生产技术。

（四）拓宽经费来源和渠道，增强试验站生命力

试验站资金支持有限，对社会各类资金吸引能力不足。探索有偿服务，拓宽试验站经费的来源和渠道，鼓励农业科研院所利用自有技术进行市场开发，通过创收增加对试验站的科研投入，支持工商企业和社会对农业科技的合作和投资，以弥补试验站经费不足，从而促进试验站的良性运转，增强试验站生命力。

本篇小结

长子营试验站自建站以来，围绕大兴区农业产业的具体需求，在明确功能定位、核心职责、资源优势的前提下，通过对试验基地建设、运营管理制度、人才培养体系、科技服务机制与示范推广模式等方面进行积极的探索，初步探索建立了试验站管理办法，进行了大量农业先进技术、设备的试验示范，也创新性地形成了"院镇合作""试验站＋企业＋机构""试验站＋信息化"等服务推广模式，为推动区域产业升级、促进产学研良性互动发展进行了有益的尝试。但是，同时也存在着基地不稳定、科研经费不足、劳动力素质有待提高等问题，这些问题需要在下一步的工作中通过与当地政府、相关企业建立长效稳定的合作机制，拓宽经费来源渠道等一系列方式来逐步缓解。值得肯定的是，随着农业现代化的进程，农业试验站作为农业科技创新、技术集成示范、成果转化应用、适用人才培养的支撑平台，其建设和发展是实施农业科技创新驱动发展战略的迫切需求，农业试验站的建设完善仍是其中的重要内容。

参考文献

陈香玉，陈俊红，黄杰，等，2017. 新形势下北京市农业科技服务模式的探索与思考 [J]. 北方园艺（23）：225-232.

高启杰，2005. 美国的农业试验站体系 [J]. 世界农业（11）：36-38，54.

龚三乐，2011. 区域科技需求内涵分析与应用：以北部湾（广西）经济区为例 [J]. 科技进步与对策，28（6）：46-50.

顾莉萍，毛翔飞，肖运来，2015. 现代农业产业规划指导理论与操作实务 [M]. 北京：中国农业科学技术出版社.

顾卫兵，蒋丽丽，袁春新，等，2017. 日本、荷兰农业科技创新体系典型经验对南通市的启示 [J]. 江苏农业科学，45（18）：307-313.

郭占锋，2012."试验站"：西部地区农业技术推广模式探索：基于西北农林科技大学的实践 [J]. 农村经济，（6）：101-104.

何津，2014. AKIS 视角下农业科技服务体系创新研究 [D]. 北京：中国农业大学.

黄丹丹，李冬初，张陆彪，等，2014. 湖南祁阳红壤实验站与英国洛桑实验站比较分析 [J]. 世界农业（4）：146-151.

姜明伦，2015. 农民参加农业技能培训的行为选择及绩效研究 [M]. 杭州：浙江大学出版社.

焦源，赵玉姝，国亮，2017．需求导向型农业技术推广研究机制 [M]．北京：中国农业出版社．

揭益寿，杨柏林，林昌隆，2017．中国绿色循环现代农业研究 [M]．北京：中国矿业大学出版社．

雷江升，2007．服务及服务质量理论研究综述 [J]．生产力研究（20）：148-150．

李建平，吴洪伟，2016．农业综合开发理论·实践·政策 [M]．北京：中国农业科学技术出版社．

李显刚，2018．新型农业经营主体实践研究 [M]．北京：中国农业出版社．

刘婵娟，1997．日本国立农业科研机构改革 [J]．世界农业（7）：51-53．

马江，2019．中国农业科研试验站管理应用情况及展望 [J]．农学学报，9（8）：69-73．

毛学斌，林咸永，金蓉，等，2016．科技创新建设农业试验站 [J]．中国农业信息（9）：9-11．

毛学斌，2016．浙江大学农业试验站（农业科技园）体制机制调研报告 [J]．现代农业科技（20）：279-281，284．

任正晓，2007．农业循环经济概论 [M]．北京：中国经济出版社．

孙武学，2013．围绕区域主导产业建立试验站探索现代农业科技推广新路径 [J]．农业经济问题，34（4）：4-9．

王爱玲，文化，陈慈，2015．北京现代农业建设的理论与实践 [M]．北京：中国经济出版社．

王宝驹，许勇，2016．区域农业科技综合服务试验站建设的实践与思考 [J]．黑龙江农业科学（1）：149-151．

王必尊，周兆禧，臧小平，等，2013．国家农业产业技术体系综合试验站建设的实践与思考：以国家香蕉产业技术体系海口综合试验站为例 [J]．中国热带农业（3）：82-84．

王建明，2010．发达国家农业科研与推广模式及启示 [J]．农业科技管理，29（1）：48-51．

王启现，任德芹，邱国梁，2018．农业科研试验基地的基本功能与主要分类 [J]．安徽农业科学，46（5）：215-217，222．

王维琴，1999．日本北海道农业试验场 [J]．世界农业，（2）：48-49．

文化，姜翠红，王爱玲，等，2008．北京都市型现代农业评价指标体系与调控对策 [J]．农业现代化研究（2）：155-158．

吴建忠，吴欣，詹圣泽，2019．网络治理视角下农业科技创新发展的路径研究：基于农业试验示范站的实践分析 [J]．中国农业资源与区划，40（6）：121-127．

吴正辉，孔德栋，2015．研究型大学农业科学试验基地建设的研究与实践 [J]．科技通报，31（7）：262-266．

伍莺莺，许宁，张昭，等，2012．现代农业产业技术体系地方创新团队建设探析 [J]．科技进步与对策，29（12）：70-73．

信乃诠，许世卫，2006．国内外农业科技体制调研报告 [M]．北京：中国农业出版社．

徐其江，刘恩良，金平，等，2017．依托农科院专家优势，建立国家农业科学实验站 [J]．农业开发与装备（7）：60．

杨兵，2018．以试验站为依托的大学农业科技推广模式研究 [D]．雅安：四川农业大学．

杨振锋，陆致成，陈亚东，等，2014．国外果树科研机构及管理体

制 [J]. 农业图书情报学刊, 26（6）: 15-17.

叶良均, 2008. 构建国家农业科技试验站的对策思考 [J]. 中国农学通报（7）: 511-515.

尹秀丽, 张喜春, 范双喜, 等, 2010. 设施番茄无土栽培矿质元素养分变化动态 [J]. 农业环境科学学报, 29（S1）: 36-42.

赵方杰, 2012. 洛桑试验站的长期定位试验: 简介及体会 [J]. 南京农业大学学报, 35（5）: 147-153.

赵秋菊, 2016. 北京市"十二五"农村社会事业发展蓝皮书 [M]. 北京: 中国农业科学技术出版社.

甄若宏, 郑建初, 刘华周, 等, 2014. 农业科研院所科技服务项目运行机制研究: 以江苏省农业科技自主创新资金模式创新项目为例 [J]. 江苏农业学报, 30（4）: 890-895.

钟俊, 2005. 荷兰农业科技推广概况及对中国的启示 [J]. 边疆经济与文化（8）: 30-32.

周晶晶, 2007. 北京农村科技人才培训方案研究 [D]. 北京: 中国地质大学.

朱世桂, 2012. 中国农业科技体制百年变迁研究 [D]. 南京: 南京农业大学.

朱绪荣, 张忠明, 付海英, 等, 2017. 现代农业园区规划方法概论 [M]. 北京: 中国农业科学技术出版社.

CATT JOHN A, HENDERSON, DR IAN F, et al, 1993. Rothamsted Experimental Station – 150 Years of Agricultural Research The Longest Continuous Scientific Experiment?[J]. Interdisciplinary Science Reviews.

Dhuyvetter K C, Kastens T L, D Ritz S S, et al, 2002. Kansas

State University Agricultural Experiment Station and Cooperative Extension Service[J]. Veterinary Record, 41（3）: 305-307.

PEARSON C H, AMAYA A, 2015. Agricultural Experiment Stations and Branch Stations in the United States[J]. Journal of Natural Resources & Life Sciences Education, 44（1）: 1-5.

SANTIAGO-MELENDEZ, GONZALEZ, GOENAGA, 2012. Evaluation of an Agricultural Experiment Station as a Case Study Site for the Establishment of a Multi-use Urban Forest[J]. Urban for Urban Gree, 11（4）: 406-416.

TIMOTH Y, REINBOT T, 2018. Know Your Community: Agricultural Experiment Station Management[J]. CSA News, 63（4）: 26-27.

附　录

附录1　专家风采录

适应时代需求，为区域农业发展保驾护航

邹国元，男，研究员，现任北京市农林科学院植物营养与资源环境研究所所长、北京市缓控释肥料工程技术研究中心主任、北京土壤学会常务副理事长、国家乡村环境治理科技创新联盟副理事长、中国农业生态环保协会常务理事；主要从事作物营养与施肥、农业面源污染监测与防控技术研究和推广工作。

北京市农林科学院大兴区农业科技服务试验站于 2012 年开始建设，建站的初衷：①整合资源、提升农科院综合服务能力；②服务区域农业发展、拓展农业功能；③对接区镇农业科技服务队伍、促进服务机制创新。尽管后来服务站名称有所改变，但迄今为止我们一直围绕这个目标在努力。自建站以来，试验站从当初"有想法但无固定试验用地"到如今的"有钱、有地、有企业、有相对完善的运行机制"，历经 8 年多的发展，从未偏离过这个基本目标。邹国元作为综合服务试验站的首席专家，始终把握好 4 件事，推动服务功能稳定提升。

一是坚持试验站的功能定位始终不变。北京市农林科学院与大兴区长子营镇政府的科技合作有 20 多年的历史，集聚了院内一批不同专业的专家队伍，与镇域内"种养加"不同农业行业都有密切的联系，在长子营镇建站具备"天时地利人和"条件，建成试验站以来，使全院的成果有了系统整合提升的空间、使成果初期转化试验有了基本的平台、使实用技术的示范推广有了区域的空间、使技术需求与技术供给实现了有形的对接，基于这一基本认识，为了推进试验站综合服务试验功能的强化和提升，邹国元每年都拿出专门的时间组织院镇企农对接洽谈会、现场观摩会、科技培训会等活动，使专家间的联系更加密切，使院镇企农的沟通更加顺畅，使研究的开展更接地气。

二是坚持试验站的建设要有基地平台。没有固定的试验示范基地，工作就落不了地。建站之初，苦于没有固定的核心试验基地，专家要做些探索性的技术校验、熟化工作难以较好地展开，到了第二、第三阶段，试验站从河津营搬到罗庄，再从罗庄搬到北蒲州，逐步实现了试验基地的固定化，并引入了企业共建，试验站建设进入了正规化，不但考虑了技术的组装配套，而且以基地为抓手，将整个园区进行统一规划设计，使试验示范功能得到整体的提升。基于北蒲州基地以设施蔬菜栽培为核心的特点，邹国元提出整个栽培技术在坚持轻简高效生态原则的基础上，重点实施日光温室蔬菜东西向栽培技术模式，所有专家的试验示范均服从于该模式的组装与完善。经过几年的努力，该技术体系日渐成熟，正向京郊各地推广应用。

三是坚持试验站的发展离不开专家团队。专家团队的组织不是基于哪个专家对长子营镇感兴趣与否，而是基于长子营现代农业发展的现实具体要求实施的。长子营镇作为京南农业大镇，历来蔬菜果树栽培规模大、从业人员多、对农业产业依赖程度高，对农业技术的需求全面、综合，绝非一个、两个专家可以较好提供的；因此，以种养主体的具体作物、畜禽产业为导向，针对性组织试验攻关服务团队，是邹国元始终坚持的做法。2012年建站之初，面向全镇分别委托专家带队领衔服务瓜菜、果树、肉鸽3类基地建设，其后又提出每个专家都要有具体的基地任务，要求每个专家对接1个基地、服务1项技术（产品）、培养1个人才，实现将技术交到农民手上的目标。目前服务站专家团队已经涵盖了从品种到栽培、土肥、植保、环境、质检、培训、规划、信息、加工多个专业，实现了全链条多要素的合作，弥补了以往科技服务系统性不足的短板，做到与时俱进，有力地支撑了区域现代农业的发展。

四是坚持试验站的建设要不断完善运行机制。邹国元认为，一个站的成败、运行是否可持续，机制问题至关重要。作为一个类实体的组织，要"有地、有钱、有项目、有目标、有需求、有实施主体、有运行机制”，是解决谁能干、在哪干、给谁干、干什么、谁买单、谁来干、怎么干的要义。运行机制的核心是做好人的管理，让各方面关系顺畅。建站以来，各项实用机制逐步建立起来，包括院镇企协同项目支持机制、目标绩效管理制度、青年培养机制、例会与简报制度、培训对接机制等。通过机制建设，院镇企农之间的互动交流实现了经常化，企业的龙头带动作用日益强劲（如2020年新冠肺炎疫情期间，裕农公司就带动了当地叶菜的生产和销售，解决了菜农燃眉之急），优秀全科农技员的传播作用也得到了强化（如河津营村的吴连富，在试验站支持下推动了日光温室蔬菜轻简化栽培技术的示范和推广、推动了移动式蔬菜育苗床、种子直播机械等小型农机具的开发与应用），专家团队的协作成了常态，同时也实现了老中青专家的有效合作和青年专家服务生产能力的提高，工作的稳定性、持续性以及技术服务的整体性也因此得到了保障。

　　每逢有重要的技术交流活动，邹国元总是先想到试验站，把各种活动放在试验站进行。有重要的试验，也总是优先考虑在站内实施。如今，北京市农林科学院一些好的作物品种、好的装备纷纷在试验站落地亮相，一方面表明试验站的基础条件在不断地提升，另一方面也表明试验站团队成员心往一处想、劲往一处使的团队精神得到发扬。试验站的10多名常驻专家目前有3位是国家现代农业产业技术体系岗位专家，其他专家大多是北京现代农业产业技术体系岗位专家，这些专家绝大多数都是院内科技惠农常年获奖专家，这也再次说明，试验站锻炼了专家队伍，试验站也成就了专家成长。因此，邹国元常说，试验站的建成与运行，首先要感谢国家和地方政府的好政策，其次要感谢院镇企农合作各方多年的认同和支持，最后还要感谢我们多年合作形成的这一支兄弟般的实践型好团队，"能战斗的团队才是好团队，关键时候能够亮剑的队伍才是好队伍"。

利用试验站平台作用，助力航食蔬菜产业蓬勃发展

　　左强，男，北京市农林科学院植物营养与资源环境研究所，副研究员，主要从事作物养分管理、施肥与环境等方向的研究与应用工作，在作物育苗及栽培基质的研发与技术推广方面有较丰富的实践经验；先后承担与参与科技部、农业农村部、北京市科委、农委等各类项目20余项，发表文章30余篇，其中1篇被SCI收录，编著图书5部；获北京市农业技术推广奖3次，先进个人奖3次。

　　长子营试验站立足于农技推广的公益性职能，围绕大兴区长子营镇农业产业需求，通过试验站站长负责制以及专家长期驻站和流动驻站的形式，以服务裕农裕农优质农产品种植公司长子营分公司切入点，开展技术对接服务，为本地解决农业产业问题、推动产业

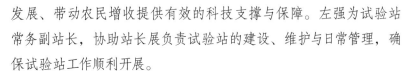
发展、带动农民增收提供有效的科技支撑与保障。左强为试验站常务副站长，协助站长展负责试验站的建设、维护与日常管理，确保试验站工作顺利开展。

针对长子营航食小镇的产业定位，左强及其团队结合航食原材料安全生产与裕农公司鲜切蔬菜生产的科技需求，开展了蔬菜新品种引进与筛选、轻简化栽培模式建立、土壤生态改良、节水灌溉、高效液体肥料、生物与物理防治、质量控制、溯源监控、采后加工等系列航食蔬菜全程安全生产技术试验示范，获取大量基础数据，为航食蔬菜优质高效安全生产提供技术储备与支撑。

在管理及队伍建设方面，左强一直积极推动专家工作团队与镇域的各类农业生产主体紧密对接，强化1名专家＋1项试验＋1名技术员＋1个经营主体的"1+1+1+1"农业技术推广新模式，对农业生产大户进行技术服务，促进与蔬菜加工龙头企业——裕农优质农产品种植公司紧密对接，技术辐射面积达到3500亩以上，有效促进技术的落地传播与普及推广。

2020年突发新冠肺炎疫情给试验站的正常运作及周边地区的蔬菜产业带来了不小的影响。左强针对疫情情况发展，科学协调安排试验站各项种植试验，多次深入生产一线进行技术培训与指导，保障种植生产有序进行；协助各级专家录制蔬菜轻简化栽培技术等技术指导短视频，积极推行设施蔬菜轻简化栽培与标准化管理，克服疫情防控期间劳动力紧张问题；与企业和乡镇进行积极有效沟通，协助企业与农户有效对接，解决蔬菜滞销问题，将疫情带来的影响在短时间内降到最小。

☆　　　　　　☆　　　　　　☆

注重农产品质量检测，确保"餐桌上的安全"

潘立刚，男，研究员，现任北京市农林科学院农业质量标准与检测技术研究所研究室室主任、农业农村部农产品质量安全风险评估实验室（北京）副主任，兼任北京农产品质量安全学会副理事长/秘书长、国家农产品质量安全风险评估专家委员会委员；主要从事农药毒理学和农产品质量安全相关科研和技术推广。

民以食为天，食以安为先。农产品质量安全是北京都市型现代农业决胜新时期产业定位和创新发展的关键所在。大兴区"十三五"农业发展规划把长子营镇列为临空产业服务区，并提出重点建设航空食品原材料基地的发展定位；因此，强化试验站安全生产的示范引领作用，完善农产品质量安全检测技术体系建设，是保障农产品质量安全的重要工作内容。

潘立刚研究员对接长子营镇农产品质量安全检测中心和北京市裕农优质农产品种植公司，重点参与了长子营镇农产品质量安全检测中心建设和航食原材料基地标准化建设，针对航食基地建设中对农产品质量安全监控技术的需求，制定了基地农产品质量标准及开展了多项技术咨询服务。

2015年，潘立刚研究员在对全镇42名农技员进行抽样技术培训的基础上，组织人员对主要设施蔬菜用地、露地蔬菜用地、大田和林果用地抽取土壤样本137份，检测重金属元素常规8项（镉、铬、铅、汞、铜、镍、锌、砷）和多环芳烃16项指标。根据 GB 15618—1995 和 HJ/T 166—2004 等土壤环境质量相关标准对长子营镇镇域土壤中重金属、多环芳烃分布特征和污染风险进行了分析评价；编制了《长子营镇农田土壤重金属分布特征与评价报告》。

潘立刚研究员参与镇航食基地建设工程会商，就航食基地检测中心的建设情况进行了对接，对检测中心设计存在的通风、水电气路及参观走廊等问题提出了合理建议。根据镇检测中心现有条件，依据农业部标准，编制了1套仪器设备购置和基础设施配套方案，形成了符合国家标准关于农产品农兽药残留检测、重金属检测和土壤肥力检测要求的检测能力；选送3名检测技术人员参加了国家职业能力培训，2人取得了"化学检测工"职业证书。

航食原材料基地标准化建设方面，编制了长子营航食基地农产品质量安全监控体系建设方案，包括农资监管系统、检测中心、生产基地管理系统、产品质量追溯系统和信息展示示范平台等功能；

制定了《农产品质量检测抽样技术规程》《航空食品原料采购、贮藏、加工、运输安全技术规程》《航空食品原料合格供应商评价准则》3 项标准。

　　潘立刚研究员十分重视当地农技员的技术培训，先后开展了"农产品产地环境监测抽样技术""农产品质量安全监管员"培训班，共培训村级全科农技员 90 人次，在镇检测中心对 3 名检测员进行了食用油真菌毒素检测技术培训。

　　潘立刚研究员强调，保障农产品质量安全，注重产地环境监测及安全生产的同时，应当强化农产品质量检测，确保农产品从田间地头到餐桌的质量安全。

☆　　　　　　☆　　　　　　☆

筛选特色、优质良种，丰富市民"菜篮子"供应

　　张宝海，男，研究员，现任北京市农林科学院蔬菜研究所蔬菜种质资源与特菜引进研究室主任；北京蔬菜学会理事；北京 12396 农科咨询专家；第三届北京"三农"新闻人物，获得北京市科学进步奖一项，推广奖 4 项，发表论文 40 余篇，著书 4 部；主要从事特菜品种的引进、种植、推广等方面的科研工作，实践经验丰富，从事的特菜品种与栽培技术的研究在国内属于领先水平。

　　随着市场经济的发展，交通运输和市场流通渠道对蔬菜产品的限制日趋降低，而级差地租和生产成本的影响程度日趋扩大，使北京蔬菜生产的区位优势和技术优势逐渐降低，北京地产蔬菜

的竞争力明显下降，这为北京特菜及高品质蔬菜发展提供了良好空间。

张宝海研究员作为试验站专家，长期对接长子营裕农基地，主要负责适合当地的新品种、适合加工的新品种的引进、试验及轻简化栽培技术方面的工作，并取得了显著的效果。

张宝海及其团队利用长子营试验站突出的技术优势、示范展示优势，筛选出国内油菜春油5号优良品种，并试验示范了油菜线播技术，实现了生产过程中省籽、省工，同时苗齐、棵齐，最终实现了产品商品性好的效果。张宝海还针对娃娃菜、白菜、萝卜、甘蓝、鲜食玉米等蔬菜进行高品质品种筛选，为当地农民筛选出符合现代潮流的适合的高品质蔬菜品种；引进了结球生菜、直立生菜优良品种，筛选出了适合温室种植的加工型品种，并进行了提纯复壮的选育工作。

随着现代人们生活水平的大幅度提高，外来饮食文化的交流与深入，人们尤其是年轻人对外来的香草的认知及食用需求越来越显著。外来香草如罗勒、百里香、迷迭香等在西式餐饮中占有重要的地位，香草的使用为饮食增加了诱人的、丰富的、美妙的文化内涵。张宝海在试验站基地引进香草品种20余个，如百里香、匍匐百里香、迷迭香、鼠尾草、薰衣草、香蜂花、芳香薄荷、猫薄荷、马祖林、紫花罗勒、甜罗勒等，进行露地、保护地种植试验，获得成功。张宝海认为这些香草不仅丰富了北京香辛蔬菜品种，丰富了市民的菜篮子，也满足了现代餐饮需求，同时为即将到来的冬奥会提供更多的特菜供应保障。

☆　　　　　☆　　　　　☆

加强农民科技培训，培训新型职业农民

曹承忠，男，北京市农林科学院数据科学与农业经济研究所推广副研究员，高级经济师；从事农业信息推广服务和农村科技培训等专业工作，主持、参与国家、北京市等各级农业科技研究、推广项目40余项；负责北京农业信息网、"12396北京新农村科技服务热线"平台建设；2015年获得北京农业信息网首届"科普中国"网站荣誉称号。

由于大兴区参与国际机场建设等新形势，长子营镇镇域经济发展思路和定位均有一定程度的调整，如何应对当前新形势，促进当地经济新发展，对当地新型农民提出了新的发展要求。曹承忠针对长子营镇农业产业发展需求，以镇域及周边全科农技员、示范户、

基地农户等新型农民骨干为主要培训对象，在轻简化生产技术、测图配方施肥、果蔬病虫害防治技术、食品安全、高效节水技术、电子商务等重点技术领域，开展专家现场指导、田间观摩以及培训研修等形式的培训服务，提升培训对象的产业技术知识和操作技能。

曹承忠指出，在科技培训和信息服务过程中，可以与全科农技员群体建立广泛的培训对接关系。通过培训，发现和培养了一批科技冒尖人才，如长子营镇白庙村全科农技员宗宝祯、河津营村全科农技员吴连富等。

宗宝祯是大兴区长子营镇白庙村全科农技员，原来就是村里的蔬菜种植户，种菜能手。2012年入选全科农技员后，她以饱满的工作热情，认真学习知识，提升自己的能力。在学习之余，她把学习掌握的几十项农业新技术向周边的农户手把手地传授，指导他们应用轻简化栽培、蔬菜水肥一体化、配方施肥及病虫害防治等各项技术，不仅自己在生产水平上取得了大的进步，而且带领本村农民致富增收，积极发挥了一名村级全科农技员应有的科技示范作用。

吴连富是河津营村全科农技员，也是绿福蔬菜产销专业合作社的社长，村里的种菜能手，致富带头人。在试验站工作中，老吴身兼联系人、农户代表、农技员等数个角色，在推进试验站工作，带动传播科技等方面发挥了积极作用。2012年试验站成立之初，老吴就是河津营叶菜试验站的联系人，负责试验站各种事务的联系以及配合做好农户的组织和召集工作；作为联系人，他充分发挥了衔接作用，一方面发挥自己在当地的人望和关系优势，积极组织当地农户代表，调查汇总科技需求，另一方面积极与农科院技术团队进行对接，对每项需求进行落实；他不断更新观念，带头示范新技术，几年来，他主动承担示范穴盘育苗技术、配方施肥、轻简化栽培技术等多项示范工作，在农科院相关专家的支持下，建设了可用于小型机械生产的连栋温室，专门用于生产育苗试验示范，一定程度带动了新技术在当地的应用。

通过以长子营试验站为基地，开展农民科技培训和科技信息服务相关活动，进一步推进了院所与镇村工作的进一步合拍，使科技推广服务的体系更加顺畅；使得院镇合作需求对接顺畅，新型农民培养工作有的放矢，成效明显；培训通过"专家指导＋交流＋观摩"的形式开展，促进了新型农民培训的纵深发展，促进了农民进一步学习巩固科技知识，开阔了农民的视野；通过集中活动，加强了科研院所与基层科技二传手、职业农民之间的联系，促进了科技成果的转化和落地。

科技支撑功能花卉产业，
助力乡村振兴和健康中国建设

　　黄丛林，男，北京市农林科学院草业花卉与景观生态研究所研究员，享受国务院政府特殊津贴专家，现任北京市功能花卉工程技术研究中心主任、北京菊产业研发中心主任、北京市园林绿化局菊花育种研发创新团队和北京市农林科学院花卉创新团队首席专家、北京市园林绿化科技创新团队专家组成员、中国经济林协会芳香植物分会常务副会长兼秘书长；主要从事功能性菊花和玫瑰生物技术育种及其配套产业化关键技术的研发与集成应用。

　　功能花卉是指具有营养保健作用的食用、茶用和药用花卉的总

称。功能花卉不仅具有观赏作用，而且还可以开发茶饮类产品、花卉菜肴和食品、花酒、日化护肤品、家纺产品、香品、保健品和药品等七大类产品，经济和社会效益巨大，将极大助力乡村振兴和健康中国建设。

黄丛林团队茶菊和食用菊研发水平国内领先，建立了国内一流的菊花和玫瑰特色资源保存中心，收集保存各类特色资源 2000 多个（份）。建立了由"育种技术研发—种子种苗质量控制和繁育技术研发—栽培和加工技术研发"构成的完善的育种技术体系；已经培育京菊系列品种（系）100 多个、耐寒优质食用精油兼用玫瑰品种 2 个，其中 12 个菊花品种已经获得北京市地方优质品种审定，2 个品种获得植物新品种保护权，"玉台 1 号"是国内第一个审定的茶菊品种，"白玉 1 号"是国内第一个审定的食用菊品种。开发了花茶、花卉菜肴和食品、花酒、花卉日化护肤品、花卉家纺产品、花卉香品、保健品等七大类菊花和玫瑰相关产品 40 多个。主持制定了北京市地方标准"茶菊生产技术规程"和"万寿菊生产技术规程"，参与制定了行业标准"主要宿根花卉露地栽培技术规程"。

作为试验站的花卉专家，先后示范引进燕山京粉、燕山京红、国庆黄等绿化小菊以及食用菊花、茶菊等功能花卉新品种，多批次提供脱毒种苗，利用试验站基地进行品种展示，为试验站基地营造了优美的花卉生态景观。多次面向全镇范围的全科农技员开展花卉节水栽培技术的培训，组织现场观摩会，通过技术示范引领，有效带动了长子营镇景观花卉新品种及种植技术的普及推广，为长子营镇建设航服生态小镇提供了支撑保障作用。

☆   ☆   ☆

发展现代节水农业，以水定产，力求少而精

　　李艳梅，女，北京市农林科学院植物营养与资源环境研究所副研究员，研究方向为农业节水理论与技术，主要围绕节水开展的、需水规律与灌溉制度优化、栽培节水措施与理论、生物炭基肥水肥协同耦合节水、抗逆节水等研究；提出了芹菜/生菜需水参数、芹菜/生菜优选栽培节水措施、番茄炭基肥水肥协同耦合节水模式、草莓/甘薯/芹菜/生菜/番茄/樱桃番茄抗逆节水技术；系统开展了设施作物栽培节水机理、水肥耦合调控机理和抗逆节水生理生态调控机理研究。

　　北京大兴人均水资源占有量 164 m³/年，是全国均值的 1/13，世界均值的 1/47，属严重缺水地区。农业用水在总用水量中的比

重高达 80%，农业节水在全区节水工作中占有举足轻重的地位，是大兴节水的重中之重。通过发展节水理论与技术，优化水资源配置，减少灌水用量，挖掘节水潜力，对于当地发展现代节水型农业、促进农业可持续发展具有重要意义。

农业节水理想目标的实现需要生物、水利、材料、农艺、信息、化工和环保等多技术的支撑，而农业生产中高水平前沿技术的应用较少，极大地限制了农业节水建设。大兴区长子营镇对植物生理节水技术、新型节水专用材料与生化制剂应用、农艺节水技术、作物需水信息采集与精量灌溉控制技术、节水关键平台技术与新产品、灌溉水量监控与调配技术及新产品、节水集成技术等有迫切的需求。

李艳梅通过对设施大棚内安装的微型气象站采集的微气候数据进行模拟分析计算得到目标设施作物的日均需水强度及阶段需水量，绘制作物需水曲线，对于优化设施作物种植布局，减少灌溉水无效损耗具有重要意义。通过开展生物炭基肥水肥耦合多年定点系统研究，大大加快了生物炭基肥产业的发展、促进了农林废弃物资源化循环利用及生态循环农业模式的建立；实施减量灌溉措施大幅降低了设施作物生产过程中的灌溉水投入量，并借助生物炭基肥与水量的耦合效应，以较少的水肥投入，实现了作物高产、优质及水肥资源的高效利用。在抗逆节水工作方面，筛选出一批绿色抗逆节水制剂，不仅充分挖掘作物节水潜力，提升单位耗水量的干物质产出，而且选用的制剂在增强作物对逆境胁迫（低温冻害、旱涝、高温高湿、盐渍化、连作障碍、重金属等）的适应性方面具有重要作用。

李艳梅将农业技术创新与生产实际需求相结合，将生物质资源化应用与新型生态型抗逆制剂研发相结合，将作物增产节水与增强逆境适应性相结合，使新型抗逆节水技术成为一项特色节水技术。经过多年不断探索和创新，建立了"农林废弃物资源化利用—添加功能型抗逆物质—新型抗逆节水制剂研发—试验推广及产业化"的现代循环农业技术创新模式。该技术模式不仅最大程度地挖掘作物节水潜力，而且有效增强了设施作物对冬季寒潮、夏季高温等生长逆境的适应能力，具有广阔的应用推广前景。该项技术已经在京郊多个地方的果菜、叶菜和粮经作物上开展了多年试验示范，获得了可喜的示范和推广成效，技术所体现的增产增效、节本省工的优势获得了合作园区和农户的一致好评。

注重种养结合、水肥高效利用管理模式，确保土壤安全

刘善江，男，研究员，现任北京市农林科学院肥料质检中心常务副主任、所长助理，北京土壤学会常务理事，北京农产品安全学会常务理事；主要从事土壤肥料质量的监测与评价、土壤改良与施肥技术、面源污染防治与废弃物资源化利用关键技术。

"搞设施农业，有机肥可以随便施，肥不够怎么能有好收成！"，这是农业生产中普遍存在的一个错误认知。不合理的水肥管理会造成园区土壤中氮磷元素富集严重，硝态氮下移明显，存在环境污染的风险。同时氮磷元素的累积，造成土壤的次生盐渍化，致使蔬菜作物生

长受阻，产量降低；因此，注重设施蔬菜种养结合、水肥高效利用管理模式对于提升大兴区长子营镇设施蔬菜生产整体水平与节约肥料使用具有重要作用。

刘善江研究员对接北京市裕农优质农产品种植公司，重点参与了长子营镇设施蔬菜种植与水肥管理的现状调研；设施蔬菜灌溉模式优化、配套肥料的筛选及使用技术；基于调研和试验示范制定了设施蔬菜水分高效利用的农艺模式。

2017 年 8 月，刘善江研究员团队通过实地调研、土壤样品采集，对长子营镇区域设施蔬菜大棚的土壤养分与土壤盐分情况进行全面系统的检测。长子营镇设施蔬菜土壤养分整体处于中度和高度的水平。硝态氮下移明显，存在环境污染的风险。设施栽培蔬菜生理障碍的主要因子是土壤中硝酸盐的积累，并且基地存在着次生盐渍化现状。EC 值的点位超标率达到 45%。明确了长子营区域设施蔬菜大棚土壤养分和土壤环境状况，为生产实践提供理论依据。

刘善江参与长子营镇水肥管理现状调研，研究团队通过实地考察就长子营镇北蒲洲村农户的种植情况进行了调研，通过乡镇府农委向农户发放了"航食基肥设施蔬菜大棚种植习惯与施肥情况调查表"，明确了长子营区域设施蔬菜灌溉模式及组成，为节水节肥奠定了基础。

刘善江在北京市裕农优质农产品种植公司北蒲洲基地 15 号棚开展设施生菜灌溉模式优化、配套肥料筛选的使用技术，旨在研究定位试验条件下，不同施肥量、施肥方式对生菜产量品质以及对土壤质量的影响。最终实现水肥的高效利用，改善土壤环境质量，在解决土壤环境劣化、营养失调等问题的同时，提高蔬菜的风味和营养品质，实现高产优质。提出了适宜设施菜田土壤改良的有机肥料、功能性肥料及其使用技术；提出了"有机肥料中硫酸根离子的检测方法"；编制了《长子营航空食品发展的农业节水示范区建设方案》；完成了《设施蔬菜水分高效利用的生产技术规程》。

刘善江强调在长子营镇航食基地设施蔬菜快速发展的同时，应该加大新技术推广队伍建设，促进新技术在航食基地的应用，通过调控土壤含水量，研究调亏灌溉不同时期对蔬菜植株生长发育、营养品质和产量形成的影响，建立适合国情的产量和品质风味兼顾的调亏灌溉管理新技术，并且开展土壤养分的监测与评价，实施相关培训，提高水肥管理技术水平。

提高农业现代化水平，让农民的腰直起来

刘军，男，北京市农林科学院林业果树研究所副研究员，国家梨产业技术体系北京综合试验站站长，中国园艺学会梨分会理事，主要从事梨种质资源与栽培技术研究。

中国传统农业以人力劳动为主，农民常年面朝黄土、背朝天，工作艰辛，效率低下，收入微薄，农业生产水平不仅远远落后于发达国家，而且落后于其他行业。提高农业现代化水平，推广农业机械和轻简化、省力化技术，降低劳动强度，提高劳动效率，增加农民收入，让农民的腰直起来，是实现农业发展和乡村振兴的当务之急。

大兴区素有"中国梨乡"之称，全区果树面积10万亩左右，其中梨面积5万亩，在北京市果树产业中占有重要地位。试验站所

在的长子营镇为大兴梨传统产区，主要品种有鸭梨、鸭广梨等。刘军以长子营镇昌兴梨园、赤鲁村梨园、朱庄村梨园等为基地，辐射全区，开展梨优质高效生产技术的试验示范。

机械化是农业现代化中的重要环节。刘军在长子营镇赤鲁村梨园、长子营镇昌兴梨园等基地推广弥雾式喷药机、割草机、开沟机、树枝粉碎机等果园机械和高枝剪、摘果器等新型农具，大大提高了工作效率，减少了用工。

轻简化对于提高劳动效率至关重要。"十三五"期间，刘军配合大兴区园林绿化局制订了《大兴区老梨树管理指导手册》《大兴区高效现代化果树管理技术规程》，推广了轻简化栽培技术和宽行密植高效现代化管理技术。对佛见喜、新梨7号、玉露香等适合密植圆柱形整形的品种特性进行了调查，确定了适宜的株行距，简化了整形修剪技术，通过使用竹夹坠梢和里芽外蹬修剪技术开张枝条角度，提高了劳动效率、降低了生产成本。

农产品的绿色安全是重中之重。刘军通过在果园养殖一定密度的鹅、鸡等禽类，并采取分区轮牧的形式，抑制杂草和害虫的发生，增加果园收益，平均每亩增收节支达400元以上。同时，在长子营镇赤鲁村、庞各庄镇梨花村等梨园对病虫害进行统一防治，采用诱芯、黄色粘虫板等对虫情、病情进行监控，确定适宜的药剂防治时间，统一喷施高效低毒农药，取得了良好的防治效果，减少了化学农药的使用量，提高了果品的安全水平。2019年针对近年来橘小食蝇为害日趋严重的情况，对果农进行了重点宣讲，发放了药剂，组织果农开展测报和早期防治，避免了橘小食蝇的为害。

☆　　　　　☆　　　　　☆

打造追溯管理系统，提升农产品质量安全

钱建平，男，北京市农林科学院信息技术研究中心研究员，研究方向为农产品供应链管理与追溯技术研究。近 5 年来，主持国家自然科学基金面上项目和国家科技支撑计划课题各 1 项，以技术骨干身份参加国家及省部级项目 10 项；发表 SCI/EI 收录论文 30 篇；获得发明专利授权 7 项、实用新型专利授权 10 项。现为中国农业工程学会高级会员、美国-以色列双边农业研究与发展基金项目评审专家、《Food Control》《Computers and Electronics in Agriculture》《农业工程学报》审稿人。获"科技惠农行动计划先进个人奖"等荣誉。

航空食品原材料基地是大兴区长子营镇重点打造的产业之一。

近几年，食品原材料的农产品质量安全一直是全球性的热点问题。农产品追溯技术成为提高农产品质量安全、加强农产品质量监管的重要手段。

钱建平针对航空食品质量安全的特定需求，以农产品供应链为切入点，集成和应用计算机技术、自动识别技术和远程监控技术，研究构建航空食品原材料基地追溯管理平台，实现了原材料基地的快速查找，实现了原材料质量的有效监控。同时，开发了农产品安全生产基地管理系统，针对基地信息化的不同特点开发了两个版本的安全生产管理系统，客户端版本系统主要面向信息化基础条件较差的基地，可通过本地离线填写数据后一次上传；服务器端版本系统主要面向信息化基础较好的基地，可实现在线数据填报；两个系统均能实现地块信息管理、生产信息管理、检测信息管理、条码打印、生产资料管理等核心功能；生产基地可根据实际情况选择使用。

钱建平以航空食品原材料基地质量安全监管为核心，包括企业管理、产地环境、生产管理、检测管理、基础设置和北蒲州基地管理6个子模块，企业管理实现了基地信息和农资店信息的管理；产地环境实现了各地区土地的基础数据统计以及长子镇重金属含量的分布情况；生产管理实现了种植管理、施肥管理、施药管理以及采收管理的功能；检测管理实现了企业自检测和第三方检测的功能；基础设置实现了系统化的用户管理和产品管理。

钱建平开发了综合服务试验站全园物联网展示系统。以北蒲州基地为核心，包括15个温室列表的驻站专家，每个温室列表中包括驻站专家信息，温室环境信息以及农事信息，能够对温室及驻站专家信息做出相对准确的评估。

　　通过建立航食质量安全管理和溯源系统，实现了全程质量追溯，提升了长子营农产品质量安全水平，为吸引更多航食公司落户长子营提供强有力的保障。

果树下面搞养殖，林下经济助农增收

王爱玲，女，北京市农林科学院数据科学与农业经济研究所副研究员，业务特长为规划咨询与情报服务；近年来主要在都市农业、新型产业、新农村建设等方面开展研究与科技服务；2012年主持完成了《北京市大兴区长子营镇都市型现代农业发展规划(2012—2020 年)》，获大兴区科学技术二等奖；参与完成的《北京市通州区国际种业科技园区建设规划(2014—2020 年)》获北京市优秀工程咨询成果一等奖、全国优秀工程咨询成果三等奖。

休闲农业是长子营镇都市农业重点发展方向。长子营东北台村依托果树种植发展观光采摘，主要采摘果品有梨、桃、樱桃等。王爱

玲课题组每年年初都要到东北台村进行实地调研，与基地负责人和成员进行了座谈讨论，了解基地的科技需求，并以此拟定当年的科技服务计划，使服务更精准。调研中发现设施樱桃园的采摘期为5—6月，从6月底至来年4月，果园一直闲置，对空间、时间和自然资源（光、温、水等）都是一种极大的浪费，为解决基地100亩樱桃采摘园大半年闲置的问题，王爱玲团队协助基地引进了林下养殖项目，放养鸡和鹅共4000只，放养面积为100亩，有效地利用了果园空间。

引入鸡雏和鹅雏均在采摘季结束之后，由于天气已十分温暖，不论是鸡雏还是鹅雏的成活率都很高，其中鸡的成活率达到了98%。林下养殖采用轮牧的方式，鸡、鹅以林下生草为主食，在秋末和冬季给予适当的补饲，饲养成本较笼养有较大幅度降低。而以草为食，又提高了鸡、鹅的品质，市场预期价格较高，年末全部出栏将增加经济效益16.6万元，净收益14.0万元。林下养鹅有很好的除草效果，可节省人工除草3遍，每遍需15人工作10天，每人每天100元，即除1遍草的支出为1.5万元，全年共可节省除草支出4.5万元；林下养鸡不仅可除草，还可减少林下害虫，间接减少了果园病虫害，约可减少农药投入0.1万元。同时，林下养禽，禽类的粪肥直接还田，可减少肥料投入2万元。共计节本增效6.6万元。

王爱玲强调，种养结合是现代农业的重要特征，也是提高农业经济效益的主要路径，北京市确定了林下经济"宜养则养，宜种则种，宜游则游"的总原则，各地区应因地制宜，有效利用林地资源，实现增收创收。

开展绿色防控技术推广，保障无公害、绿色、有机生产

魏书军，男，北京市农林科学院植物保护研究所研究员。主要从事害虫发生规律与治理技术研究。主持 973 计划子课题、国家自然科学基金面上项目等 12 项。优化集成二斑叶螨综合治理技术体系、设施蔬菜小型害虫综合治理技术体系等并进行示范应用。发表学术论文 96 篇，获中国昆虫学会青年科技奖、植物保护学会青年科技奖等科技奖励 8 项。兼任北京昆虫学会和北京农药学会理事，入选北京市高创计划、北京市百千万人才工程、北京市科技新星计划、北京市优秀人才培养计划和北京市优秀青年人才。

设施蔬菜是大兴区重要的农业产业，设施环境下病虫害发生严重，导致大量使用化学农药，影响食品安全。高效、安全的害虫防

控技术成为设施蔬菜产业发展中急需解决的问题。魏书军主要围绕设施蔬菜小型害虫的发生规律与关键治理技术开展研究，综合利用生物防治、农业防治、物理防治，结合高效低毒药剂，开展害虫绿色防控技术的研究与示范应用。

草莓采摘促进了休闲观光农业的快速发展，逐渐成为都市农业不可缺少的重要组成部分。作为鲜食水果，草莓食品安全问题备受社会关注。由于草莓特殊的匍匐茎繁殖方式，导致病虫害发生严重，如叶螨（红蜘蛛）、蓟马、白粉病和灰霉病等，其中叶螨是为害最严重的种类，常导致草莓提前拉秧，造成严重的经济损失和食品安全问题。

针对京郊叶螨暴发为害的现状，魏书军带领研究团队经过系统研究，摸清了近年来在设施农业上危害严重的叶螨的种类为二斑叶螨，且对多种化学药剂产生了较高抗药性水平。通过技术研发和筛选，获得了 1 种高效专食性天敌——智利小植绥螨，1 种高效低毒杀螨剂——联苯肼酯，优化建立了生物防治、化学防治以及二者联合使用的组合技术措施。通过该技术成果的实施，示范区内减少化学农药使用量 80% 以上，部分试验区实现化学农药零使用，叶螨防控效果达 95% 以上。研究成果获得北京市农业技术推广三等奖一项。

2012—2016 年，魏书军带领研究团队累计在京郊草莓、茄子、西瓜和黄瓜等作物上示范应用二斑叶螨综合治理技术 56.25 万亩，技术覆盖率 85%，经济效益 5.21 亿元，并辐射应用于全国 32 个省市，保障了京郊草莓等鲜食果蔬的安全采摘，减少化学农药用量 80% 以上（约 53.5 吨），维持了生态平衡，经济、社会和生态效益显著。

☆　　　　　　☆　　　　　　☆

致力水肥资源高效利用，推动新产品、新技术落地创价值

　　杨俊刚，男，北京市农林科学院植物营养与资源环境研究所副研究员，沽源优质蔬菜专家工作站站长，北京市科技新星，中国农技推广协会节水委员会理事；主要从事新型肥料研制及作物营养与水肥管理技术研究；先后主持和参与了国家"十三五"重点研发计划、国家自然基金、科技支撑计划、北京市重大项目、国际合作项目以及北京市自然科学基金等多项课题，完成多种国内领先的新型肥料的研发与蔬菜作物高产水肥综合管理技术模式；发表SCI及国内学术论文30余篇，主编著作2部，获得授权专利17项。

　　蔬菜生产不仅是保障菜篮子工程和吃饱吃好的重要基础，也是农民增加收入的重要途径。随着中国蔬菜面积不断扩大，高投

入带来的资源环境问题日渐凸显。以较少的资源环境代价保障农产品的供应和安全成为当下的共识。大兴区"十三五"农业发展规划把长子营镇列为临空产业服务区，并提出重点建设航空食品原材料基地的发展定位。强化资源高效、环境友好生产技术示范引领作用，完善水氮资源现代技术升级，是试验站蔬菜生产可持续绿色发展的重要保障。

杨俊刚对接北京市裕农优质农产品种植公司，重点参与了长子营镇航食原材料基地水肥高效技术研究与示范工作，针对叶菜生产中习惯施肥存在用量大和技术粗放、工人老龄化严重、对轻简化施肥技术的需求迫切等问题，完成多种施肥技术和轻简化模式，引入液体肥和配肥站技术，并参与完成培训、咨询等技术服务。

传统栽培条件，往往采用大水大肥配套稀植番茄模式，有利于促进单株生长和大果形成，获得较高的产量。但水肥资源浪费严重，不仅对环境造成较大污染风险，而且不利于病虫害防治，有时病害发生严重造成绝收。基于此，杨俊刚在试验站开展了番茄矮化密植配套水氮减量新技术模式的研究与应用工作，建立了密植番茄模式配套水肥管理综合方案。经过多年验证，该技术主要解决春茬番茄后期产量较大、效益较低的问题，通过调控，番茄前期产量显著增加，售价明显提高，提升了整体的效益；同时采用三穗果打顶，减少后期管理的成本和投入，节省了劳动投入，为轻简化高效生产提供了支撑。

液体是滴灌施肥理想的载体，流动性、相容性好，不宜堵塞等特点得到充分发挥，但国内的灌溉制度仍然沿用传统习惯，灌溉频率低、单次用量大，因此氮肥的淋洗损失仍然不可避免，传统的施肥罐施肥工作较大，增加了施肥次数，用工成本增加。液体肥可以克服这些不足。杨俊刚研究了尿素硝铵溶液（UAN）液体肥配合抑制剂对东西向生菜产量品质的影响。施用 UAN 液体肥＋双效抑制剂生菜增产 20% 以上，叶菜硝酸盐等品质也得到明显改善。通过与固体水溶肥比较，施用液体肥可以显著节约劳动投入，改善施肥均匀性，加快冬季叶菜生长速度。

基于园区人工成本高、施肥用时多、管路堵塞等现象，在总结前期试验及生产实践的基础上，杨俊刚推出适合专业蔬菜生产的液体肥配肥站技术模式。该模式将高效新型液体肥料与科学施肥理念以及现代化施肥手段结合在一起，实现了施肥轻简化、高效化，省时省力，显著提高了生产效率。目前已在农科院北蒲州基地开始试用，得到园区人员的肯定和称赞。

附录2　专家信息卡

	姓名	李兴红
	工作单位	植物保护研究所
	技术职称	研究员
	擅长专业	园艺作物病害致病机理与综合防控技术
	站内职责	设施蔬菜病害防治技术指导与培训
工作业绩	先后主持参加国家和市科技项目20余项，发表论文近100篇，获省部级科学技术奖7项。注重科研与生产实际相结合，为农民增收和北京市蔬菜安全生产做出积极贡献	

	姓名	郭文忠
	工作单位	信息技术研究中心
	技术职称	研究员
	擅长专业	设施农业智能装备与蔬菜高产栽培技术体系研发
	站内职责	航食基地规划设计与水肥综合管理系统
工作业绩	农田水肥综合管理系统与设施蔬菜栽培管理装备开发应用	

姓名	杨学军
工作单位	草业花卉与景观生态研究所
技术职称	副研究员
擅长专业	环境观赏草、地被植物、生态草资源引进和应用技术研究
站内职责	基地生态景观规划与建设
工作业绩	收集了国内外观赏草资源200多种，研究观赏草在荒地等恶劣生境的建植技术及其生态功能，选育出14个自主知识产权的新品种，获得国家发明专利2项

姓名	武占会
工作单位	蔬菜研究所
技术职称	研究员
擅长专业	设施蔬菜栽培、植物营养
站内职责	水培蔬菜试验示范
工作业绩	主要从事设施蔬菜无土栽培技术研究，在水培韭菜、水培番茄、营养液育苗等方面卓有建树，在北京及全国范围内推广

	姓名	孙焱鑫
	工作单位	植物营养与资源环境研究所
	技术职称	副研究员
	擅长专业	土壤和植物营养
	站内职责	蔬菜水肥一体化技术
工作业绩	植物营养管理与土壤配肥改良	

	姓名	罗晨
	工作单位	植物保护研究所
	技术职称	推广研究员
	擅长专业	蔬菜害虫的综合防治技术
	站内职责	害虫综合防控技术指导
工作业绩	中国青年科技奖获得者，北京市"新世纪百千万人才"，北京市创新团队叶类蔬菜病虫害防控与产品安全研究室岗位专家。先后主持国家科学基金、科技部973计划项目课题、市基金等科研项目20多项	

	姓名	谢华
	工作单位	生物技术研究所
	技术职称	副研究员
	擅长专业	从事种质资源及抗病性评价的研究
	站内职责	病害鉴定及其综合防治
工作业绩	现代农业产业技术体系北京市叶菜创新团队——育种与繁育功能室岗位专家，负责京郊叶菜抗病性鉴定及其生物防治	

	姓名	钟传飞
	工作单位	林业果树研究所
	技术职称	副研究员
	擅长专业	草莓生理栽培和育种
	站内职责	草莓栽培与育苗技术指导
工作业绩	草莓新品种和新技术研发和成果转化	

	姓名	刘宇
	工作单位	植物保护研究所
	技术职称	研究员
	擅长专业	食用菌育种及栽培技术
	站内职责	食用菌优良品种及设施食用菌高效安全技术试验示范
工作业绩	选育出10余个食用菌优良品种，研发出设施、工厂化及林地食用菌高效安全栽培技术，近年主持获得北京市科学技术三等奖及北京市农业技术推广二等奖各1项	

	姓名	刘东生
	工作单位	植物营养与资源环境研究所
	技术职称	副研究员
	擅长专业	生态农业
	站内职责	基地生态规划设计与建设
工作业绩	农业部现代生态农业基地建设专家，负责农业部内蒙古生态农业基地清洁生产技术指导；参与编制了农业部《美丽乡村建设十大模式》等	

	姓名	张成军
	工作单位	植物营养与资源环境研究所
	技术职称	副研究员
	擅长专业	水环境保护与治理
	站内职责	改善镇域水环境
工作业绩	在北京市郊示范推广人工湿地技术处理农村生活污水，净化污水，美化农村环境	

	姓名	孙钦平
	工作单位	植物营养与资源环境研究所
	技术职称	副研究员
	擅长专业	土壤与植物营养
	站内职责	沼渣沼液的循环利用与蔬菜废弃物的无害化处理与还田
工作业绩	研发蔬菜废弃物处理及沼液无堵灌溉系统各1套，获得专利4项，技术在全国多个省市推广	

	姓名	渠成
	工作单位	植物保护研究所
	技术职称	助理研究员
	擅长专业	蔬菜害虫的综合防治技术
	站内职责	航食适宜的优质蔬菜品种筛选示范
工作业绩	对蔬菜节水、蔬菜优质高产栽培有较深入的研究。主持国家科技部科技支撑、农业部行业项目、国家自然科学基金项目，北京自然科学基金等项目近10项	

	姓名	田宇
	工作单位	生物技术研究所
	技术职称	助理研究员
	擅长专业	叶菜病害鉴定与生物防治
	站内职责	轻简化栽培下的生菜病害综合防治
工作业绩	总结推广《生菜轻简化栽培绿色防控技术》，发表与植物病害有关的核心期刊论文2篇	

	姓名	廖上强
	工作单位	植物营养与资源环境研究所
	技术职称	副研究员
	擅长专业	土壤改良
	站内职责	设施土壤改良
工作业绩	主持国家重点研发课题，在土壤改良与新型炭基肥料研发与推广方面开展工作	

	姓名	张辉
	工作单位	草业花卉与景观生态研究所
	技术职称	助理研究员
	擅长专业	环境观赏草、地被植物、生态草资源引进和应用技术研究
	站内职责	生态景观规划与建设，观赏草栽培与生产技术指导
工作业绩	收集了国内外观赏草资源200多种，研究观赏草在荒地等恶劣生境的建植技术及其生态功能，主持国家自然科学基金青年基金1项，参加课题多项，获北京市科学技术奖三等奖1项	

194

	姓名	李安
	工作单位	质量标准与检测技术研究所
	技术职称	副研究员
	擅长专业	农产品质量安全与溯源
	站内职责	航食基地质量标准体系建设
工作业绩	主要从事农产品质量安全与真实性溯源研究。主持国家农产品质量安全风险评估专项、北京市农林科学院科技创新能力建设专项、北京市农林科学院青年科研基金等课题。近5年来，在国内外学术期刊发表学术论文30余篇，其中以第一作者或通讯作者发表论文14篇；参编著作4部；主编著作1部；参与制定标准2项；获得授权专利1项	

	姓名	孙传恒
	工作单位	信息技术研究中心
	技术职称	副研究员
	擅长专业	农业信息技术
	站内职责	农产品追溯平台建设
工作业绩	围绕农产品质量安全及溯源开展相关研究，建立了面向不同农产品的追溯系统，已在全国300多个基地应用	

	姓名	郭旋
	工作单位	植物营养与资源环境研究所
	技术职称	副研究员
	擅长专业	农业水环境治理
	站内职责	航食小镇水污染治理
工作业绩	从事水污染控制技术和农业水环境治理研究，研发了新型的资源化污水处理工艺和污水生态处理技术，近5年来参与国家自然科学基金重点项目、水专项、863等项目，主持国家自然科学基金青年科学基金、院创新能力建设专项、国家重点研发计划子课题各1项。近5年发表文章5篇，其中SCI收录1篇，申请专利3项	

附录3　试验站管理办法

北京市农林科学院
长子营镇农业科技综合服务
试验站管理办法

第一章　总则

第一条　制定办法

为贯彻落实中央1号文件和《北京市进一步加强农业科技工作的指导意见》文件精神，全面推进农业科技与产业相融合，规范和加强符合北京都市型现代农业实际情况的区域性农业科技综合服务试验站（以下简称：试验站）的建设与运行管理，制定本办法。

第二条　试验站定位

建立试验站的目的是整合与发挥北京市农林科学院在农业科技、人才、成果方面的资源优势，通过专家工作团队，把科学研究与长子营镇农业产业需求直接对接，积极开展科研试验，示范推广农业新成果、新技术，促进区域农村科技进步、带动农业产业升级、推动农民收入增长。

第三条　试验站的主要功能

试验站的主要功能：

1. 科学试验功能：调研区域产业发展需求及亟须解决的技术问题，系统开展农业基础性实验和新品种／技术／装备等新成果熟化应用性研究，通过原始研发，解决产业问题；

2. 成果展示功能：开展各类新品种、新技术、新装备的展示示范，形成北京市农林科学院成果对外可看、可感、可学的重要展示示范窗口；

3. 示范推广功能：建立一系列科技成果试验示范和推广辐射基地，引导种植大户、合作社、企业等农业新型生产经营主体应用和转化，推动区域性农业产业发展；

4. 人才培训功能：开展基层农技推广人员、全科农技员和农业生产经营者的系统培训，提升基层农技推广人员科学素质，培养职业新型农民；

5. 公共服务功能：开展农田环境监测检测、农产品质量安全检测、农业信息服务等其他公共服务，形成区域性农业科技公共服务综合平台。

第四条　指导思想

试验站奉行"院镇联合、齐抓共管；需求为本、集成服务；以点带面、服务产业；开放办站、汇聚资源"的工作指导思想。

第五条　领导与依托单位

试验站建设与运转由北京市、区、镇及北京市农林科学院多方支持，北京市农林科学院与地方政府主管部门对试验站进行共同日常管理。

第二章　职责

第六条　维护运转

长子营镇政府保障提供必要的硬件条件，包括试验站办公室、培训室、试验室、休息室等及试验示范用土地及设施等；

北京农林科学院保障提供必要的软件条件，包括专家工作团队、试验示范计划、开展技术培训、组织活动等内容。

专家工作团队负责维护试验站的正常运转。

第七条　调研需求

试验站专家工作团队负责调查与对接当地产业需求，调研对象为政府职能部门、企业、合作社、农户等，根据调研结果制订试验示范工作计划，解决产业发展问题。

第八条　技术引进与展示

开展新品种、新技术、新装备示范展示，引导种植大户、合作社、企业等农业新型生产经营主体应用和转化，提高科技成果转化率，助力农民收入增长。

第九条　技术指导与服务

通过实地指导、集中培训、现场观摩等多种途径，并利用远程教育、电视、网络、移动终端等多种手段，开展农业科技服务与指导工作，培养区、镇、村级农村人才，提升当地农业经营者的农业科技水平。

第十条　技术研究

针对产业需求，开展科研试验与应用技术研究，通过技术研发与试验，为产业的可持续发展与进步提供动力，并以产业服务带动科研创新能力。

第十一条　环境监测

开展农业、农村环境基础数据监测，为农业规划布局、产业区划调整、安全食品生产与美丽乡村建设提供数据与决策支撑。

第十二条　交流平台

试验站面向国家级、市级、区级各类农业教学科研推广单位以及广大社会公众开放，接受并吸纳多学科人员驻站工作，构建起各级资源的汇聚科研推广交流平台。

第三章　组织管理

第十三条　领导力量

试验站由北京市农林科学院与当地乡镇级政府共同领导管理，由农科院主管院长和乡镇主管镇长共同组成试验站领导小组，领导小组是试验站的最高决策机构，不定期组织召开领导小组协商会，统筹、决策、协调和监督试验站的运行管理工作。

第十四条　管理人员

试验站依托于北京市农林科学院科技推广处和乡镇院镇发展办公室联合成立试验站管理办公室，负责试验站的各项日常运行管理工作。其中，设试验站站长1名，由北京市农林科学院人员担任；试验站副站长2名，由北京市农林科学院和乡镇相关人员担任；其他长期驻站工作人员2~3名，由管理办公室根据工作需求设置。试验站管理办公室向领导小组汇报工作，并接受考核。

第十五条　专家团队

北京市农林科学院由科技推广处牵头，负责组建由院属相关所、中心不同专业专家构成院级驻站专家工作服务团队（分为固定驻站和流动专家），并负责遴选首席专家（试验站站长），专家团队在首席专家的领导下开展工作，签订工作责任书，建立目标考核机制，并将试验站建设工作纳入各所、中心科技推广服务工作年终考核内容。专家团队人员10~15人。

第十六条　对接团队

镇发展办公室负责安排长期驻站工作人员，成立对接团队，由当地政府管理人员，技术人员（当地专家），全科农技员，技术工人等组成，对接团队负责协调基地建设，并配合专家团队开展各项试验示范工作。当地政府与试验站办公室对对接团队进行相关工作考核。对接团队人数保持在 8 ~ 10 人。

第十七条　运营经费

试验站运营经费由日常管理维护经费和项目经费组成，日常维护经费由市、区、镇财政经费支持，并纳入财政管理，项目经费由专家申请，依据项目要求管理。同时试验站可在政策允许范围内吸收社会化资金，进行有偿服务。

第四章　运行机制

第十八条　站长负责制

试验站日常运行的管理由站长（含副站长）负责，负责领导和组织专家服务队伍开展工作，负责制定试验站年度工作计划和年度目标，组织专家服务队伍开展科技推广服务工作，协调解决试验站日常运行中出现的各项问题，监督各项年度工作目标的顺利实现。

第十九条　长期与短期工作目标结合制

试验站在首席专家带领下，根据当地产业需求，确定长期产业服务目标，在长期目标引领下，每年需讨论确立 1 ~ 2 个工作主题，开展多学科联合攻关，以期形成综合效益，快速解决生产问题，推动产业纵深发展。

第二十条　项目带动机制

试验站鼓励各级专家以试验站为平台申请科研项目，并配合专家以试验站为基地完成各项科研项目，在试验站形成的科研成果，优先推广应用，加快成果转化速度。

第二十一条　青年培养机制

试验站鼓励青年科技人员驻站开展各项工作，以试验站为平台接触并了解农业生产全过程，并在实践中发现与解决实际问题，全面发挥个人潜力，提升综合素质，并根据工作需要，为年轻科技人员安排适当的合作导师、合作专家，以传帮带的形式，促使其尽早成才。

第二十二条　定期例会、简报制度

充分利用北京市农林科学院以往在郊区科技工作中的成功经验，完善例会与简报制度。试验站层面例会为每月1次，例会的形式和具体会议场所根据工作特点进行灵活确定。

试验站要求专家与工作人员以简报形式记录与汇报各自工作内容，简报由试验站办公室统一收发、汇总，并报送相关部门。试验站将各位专家的简报份数与质量列入专家考核指标。

第二十三条　专家农户"一对一"制度

为了促进专家深入农业生产基层，试验站要求每位专家联系至少对接1个基层农业生产单元，全面指导或参与生产管理全过程，并可邀请其他专家共同解决实际问题。基层农业生产单元主要指农户、合作社、农业生产园区等。

第二十四条　定期培训指导

试验站依托本院科技资源，定期面向当地农业种植企业、生产合作社、农民进行技术咨询与培训服务，服务形式可灵活变化，如专家定期驻站接诊、基层流动巡诊、随时电话约诊等。技术培训手段在传统方式上尽量利用现代传媒方式，提高科技服务效率。

第二十五条　多方联动推广服务

充分发挥现代农业信息技术的桥梁作用，以试验站基地为培训平台，全面对接乡镇科技推广人员、村级全科农技员、农业科技示范户等，构建"试验站专家—技术人员（全科农技员）—生产经营主体"三级信息传导模式，利用"涓流效应"，建立多方联动的推广服务体系，实现对区域性农业生产经营主体的科技能力全面提升。

第二十六条　生产竞赛活动

试验站定期举办生产竞赛活动，活动要求参赛者详细记录生产过程，并由试验站组织人员进行测产评比，竞赛设高产奖与纪录奖，通过奖励激发农户间掌握和交流先进生产技术的热情，同时有助于专家全面了解生产问题，全面带动技术进步。

第五章　考核评估

第二十七条　目标绩效考核

在鼓励创新、允许失败的前提下，试验站领导小组对专家团队实行绩效考核。具体实现途径包括 2 个方面：①依托专家督导组，对服务试验站实施工作进行监督和现场评价；②由院学术委员会对服务试验站工作进行年度和任务截止期的绩效考评。

试验站的考核周期为三年。

第二十八条　驻站考核

试验站要求固定驻站专家每年在试验站工作时间保证在 90 个工作日以上。流动驻站专家每年在试验站工作时间保证在 15 个工作日以上。镇级对接团队专家每年在试验站工作时间应保持在 30 个工作日以上。

第二十九条　年度计划与报告

试验站专家向专家团队提交年度工作计划和总结。试验站向领导小组提交年度工作计划和总结。

第三十条　奖惩

对考核优秀的专家，在项目、资金上结合倾斜和支持；对考核不合格专家进行通报批评，并限期改进。改进后考核不合格的，调整出专家团队。

第三十一条　办法解释

本管理办法由北京农林科学院长子营镇试验站管理办公室负责解释。